从零开始学技术—建筑装饰装修工程系列

金属工

袁锐文　主编

中国铁道出版社

2012年·北　京

内容提要

本书是按住房和城乡建设部、劳动和社会保障部发布的《职业技能标准》和《职业技能岗位鉴定规范》的内容，结合农民工实际情况，将农民工的理论知识和技能知识编成知识点的形式列出，系统地介绍了金属工的常用技能，内容包括门窗工程施工技术、吊顶工程施工技术、轻质隔墙工程施工技术、细部工程施工技术、金属工安全操作规程等。本书技术内容先进、实用性强，文字通俗易懂，语言生动，并辅以大量直观的图表，能满足不同文化层次的技术工人和读者的需要。

本书可作为建筑业农民工职业技能培训教材，也可供建筑工人自学以及高职、中职学生参考使用。

图书在版编目(CIP)数据

金属工/袁锐文主编. —北京：中国铁道出版社，2012.6
（从零开始学技术. 建筑装饰装修工程系列）
ISBN 978-7-113-13771-7

Ⅰ.①金… Ⅱ.①袁… Ⅲ.①金属饰面材料—工程装修—基本知识 Ⅳ.①TU767

中国版本图书馆 CIP 数据核字(2011)第 223697 号

书　　名：从零开始学技术—建筑装饰装修工程系列
金　属　工
作　　者：袁锐文

策划编辑：江新锡　徐　艳
责任编辑：徐　艳　江新照　　电话：010－51873065
封面设计：冯龙彬
责任校对：孙　玫
责任印制：郭向伟

出版发行：中国铁道出版社（100054，北京市西城区右安门西街 8 号）
网　　址：http://www.tdpress.com
印　　刷：北京市燕鑫印刷有限公司
版　　次：2012 年 6 月第 1 版　2012 年 6 月第 1 次印刷
开　　本：850mm×1168mm　1/32　印张：4.375　字数：110 千
书　　号：ISBN 978-7-113-13771-7
定　　价：13.00 元

从零开始学技术丛书
编写委员会

前　言

随着我国经济建设飞速发展，城乡建设规模日益扩大，建筑施工队伍不断增加，建筑工程基层施工人员肩负着重要的施工职责，是他们依据图纸上的建筑线条和数据，一砖一瓦地建成实实在在的建筑空间，他们技术水平的高低，直接关系到工程项目施工的质量和效率，关系到建筑物的经济和社会效益，关系到使用者的生命和财产安全，关系到企业的信誉、前途和发展。

建筑业是吸纳农村劳动力转移就业的主要行业，是农民工的用工主体，也是示范工程的实施主体。按照党中央和国务院的部署，要加大农民工的培训力度。通过开展示范工程，让企业和农民工成为最直接的受益者。

丛书结合原建设部、劳动和社会保障部发布的《职业技能标准》和《职业技能岗位鉴定规范》，以实现全面提高建设领域职工队伍整体素质，加快培养具有熟练操作技能的技术工人，尤其是加快提高建筑业基层施工人员职业技能水平，保证建筑工程质量和安全，促进广大基层施工人员就业为目标，按照国家职业资格等级划分要求，结合农民工实际情况，具体以"职业资格五级（初级工）"、"职业资格四级（中级工）"和"职业资格三级（高级工）"为重点而编写，是专为建筑业基层施工人员"量身订制"的一套培训教材。

同时，本套教材不仅涵盖了先进、成熟、实用的建筑工程施工技术，还包括了现代新材料、新技术、新工艺和环境、职业健康安全、节能环保等方面的知识，力求做到技术内容先进、实用，文字通俗易懂，语言生动，并辅以大量直观的图表，能满足不同文化层次的技术工人和读者的需要。

本丛书在编写上充分考虑了施工人员的知识需求，形象具体地阐述施工的要点及基本方法，以使读者从理论知识和技能知识两方面掌握关键点。全面介绍了施工人员在施工现场所应具备的技术及其操作岗位的基本要求,使刚入行的施工人员与上岗"零距离"接口,尽快入门,尽快地从一个新手转变成为一个技术高手。

从零开始学技术丛书共分三大系列,包括:土建工程、建筑安装工程、建筑装饰装修工程。

土建工程系列包括:

《测量放线工》、《架子工》、《混凝土工》、《钢筋工》、《油漆工》、《砌筑工》、《建筑电工》、《防水工》、《木工》、《抹灰工》、《中小型建筑机械操作工》。

建筑安装工程系列包括:

《电焊工》、《工程电气设备安装调试工》、《管道工》、《安装起重工》、《通风工》。

建筑装饰装修工程系列包括:

《镶贴工》、《装饰装修木工》、《金属工》、《涂裱工》、《幕墙制作工》、《幕墙安装工》。

本丛书编写特点:

(1)丛书内容以读者的理论知识和技能知识为主线,通过将理论知识和技能知识分篇,再将知识点按照【技能要点】的编写手法,读者将能够清楚、明了地掌握所需要的知识点,操作技能有所提高。

(2)以图表形式为主。丛书文字内容尽量以表格形式表现为主,内容简洁、明了,便于读者掌握。书中附有读者应知应会的图形内容。

编者

2012 年 3 月

目　录

第一章　门窗工程施工技术

第一节　金属门窗安装

【技能要点1】钢门窗安装

1. 材料要求

(1)钢门窗：品种、型号应符合设计要求，生产厂家应具有产品的质量认证，并应有产品的出厂合格证，进入施工现场进行质量验收。

(2)钢纱扇：品种、型号应与钢门窗相配套，且附件齐全。

(3)水泥采用32.5级及其以上，砂为中砂或粗砂。

(4)各种型号的机螺丝、扁铁压条、安装时的预留孔应与钢门窗预留孔孔径、间距相吻合。

(5)涂刷的防锈漆及所用的铁纱均应符合图纸要求。

(6)焊条的牌号应与其焊件要求相符，且应有出厂合格证。

2. 划线定位

(1)图纸中门窗的安装位置、尺寸和标高，以门窗中线为准向两边量出门窗边线。如果工程为多层或高层时，以顶层门窗安装位置线为准，用线坠或经纬仪将顶层分出的门窗边线标划到各楼层相应位置。

(2)从各楼层室内+50 cm水平线量出门窗的水平安装线。

(3)依据门窗的边线和水平安装线做好各楼层门窗的安装标记。

3. 钢门窗就位

(1)按图纸中要求的型号、规格及开启方向等，将所需要的钢门窗搬运到安装地点，并垫靠稳当。

(2)将钢门窗立于图纸要求的安装位置，用木楔临时固定，将其铁脚插入预留孔中，然后根据门窗边线、水平线及距外墙皮的尺寸进行支垫，并用托线板靠吊垂直。

(3)钢门窗就位时，应保证钢门窗上框距过梁要有 20 mm 缝隙，框左右缝宽一致，距外墙皮尺寸符合图纸要求。

(4)阳台门联窗，可先拼装好再进行安装，也可分别安装门和窗，现拼现装，总之应做到位置正确、找正、吊直。

4. 钢门窗固定

(1)钢门窗就位后，校正其水平和正、侧面垂直，然后将上框铁脚与过梁预埋件焊牢，将框两侧铁脚插入预留孔内，用水把预留孔内湿润，用 1∶2 较硬的水泥砂浆或 C20 细石混凝土将其填实后抹平。终凝前不得碰动框扇。

(2)3 天后取出四周木楔，用 1∶2 水泥砂浆把框与墙之间的缝隙填实，与框同平面抹平。

(3)若为钢大门时，应将合页焊到墙中的预埋件上。要求每侧预埋件必须在同一垂直线上，两侧对应的预埋件必须在同一水平位置上。

5. 裁纱、绷纱

裁纱要比实际尺寸每边各长 50 mm，以利压纱。绷纱时先将纱铺平，将上压条压好、压实，机螺丝拧紧，将纱拉平绷紧装下压条，拧螺丝，然后再装两侧压条，用机螺丝拧紧，将多余的纱用扁铲割掉，要切割干净不留纱头。

6. 刷油漆

(1)纱扇油漆：绷纱前应先刷防锈漆一道，调合漆一道。绷纱后在安装前再刷油漆一道，其余两道调合漆待安装后再刷。

(2)钢门窗油漆应在安装前刷好防锈漆和头道调合漆，安装后与室内木门窗一起再刷两道调合漆。

(3)门窗五金应待油漆干后安装；如需先行安装时，应注意防止污染和丢失、损坏。

7. 五金配件的安装

(1)安装零附件前，应检查钢门窗开启是否灵活，关闭后是否严密，否则应予以调整后才能安装。

1)检查窗扇开启是否灵活，关闭是否严密，如有问题必须调整后再安装。

2)在开关零件的螺孔处配置合适的螺钉，将螺钉拧紧。当拧不进去时，检查孔内是否有多余物。若有，将其剔除后再拧紧螺丝。当螺钉与螺孔位置不吻合时，可略挪动位置，重新攻丝后再安装。

3)钢门锁的安装按说明书及施工图要求进行，安好后锁应开关灵活。

(2)安装零附件宜在墙面装饰后进行，安装时，应按生产厂方的说明进行，如需先行安装时，应注意防止污染和丢失、损坏。

(3)密封条应在门窗涂料干燥后，按型号进行安装和压实。

8. 钢门窗玻璃

将玻璃装进框口内轻压使玻璃与底油灰粘住，然后沿裁口玻璃边外侧装上钢丝卡，钢丝卡要卡住玻璃，其间距不得大于300 mm，且框口每边至少有两个。经检查玻璃无松动时，再沿裁口全长抹油灰，油灰应抹成斜坡，表面抹光平。如框口玻璃采用压条固定时，则不抹底油灰，先将橡胶垫嵌入裁口内，装上玻璃，随即装压条用螺丝钉固定。

【技能要点2】铝合金门窗安装

1. 材料要求

(1)铝合金门窗的规格、型号应符合设计要求，五金配件应与门窗型号匹配，配套齐全，且应具有出厂合格证、性能检测报告、进场验收记录和复验报告。

(2)所用的零附件及固定件宜采用不锈钢件，若用其他材质必须进行防腐防锈处理。

(3)防腐材料、填缝材料、密封材料、防锈漆、水泥、砂、连接板等应符合设计要求和有关标准的规定。

(4)材料进场必须按图纸要求规格、型号严格检查验收尺寸、壁厚、配件等，如发现不符设计要求，有劈棱、窜角、翘曲不平、表面损伤、色差较大，无保护膜等不合格材料时不得接收入库；入库材料应分型号、规格堆放整齐，搬运时轻拿轻放，严禁扔摔。

铝合金门窗介绍

1. 特点

(1)质量较轻

众多工程实践充分证明，铝合金门窗用材较省、质量较轻，每 1 m^2 耗用铝型材质量平均只有 8～12 kg(每 1 m^2 钢门窗耗用钢材质量平均为 17～20 kg)，较钢木门窗轻 50%左右。

(2)性能良好

铝合金门窗较木门窗、钢门窗最突出的优点是密封性能好，其气密性、永密性、隔音性、隔热性都比普通门窗有显著的提高。在装设空调设备的建筑中，对防尘、隔音、保温、隔热有特殊要求的建筑，以及多台风、多暴雨、多风沙地区的建筑更宜采用铝合金门窗。

(3)色泽美观

铝合金门窗框料型材表面经过氧化着色处理，可着银白色、金黄色、古铜色、暗红色、黑色、天蓝色等柔和的颜色或带色的条纹；还可以在铝材表面涂装一层聚丙烯酸树脂保护装饰膜，表面光滑美观，便于和建筑物外观、自然环境以及各种使用要求相协调。铝合金门窗造型新颖大方，线条明快，色调柔和，增加了建筑物立面和内部的美观。

(4)耐蚀性强、维修方便

铝合金门窗在使用过程中，既不需要涂漆，也不褪色、不脱落，表面不需要维修。铝合金门窗强度高，刚性好、坚固耐用，零件使用寿命长，开闭轻便灵活、无噪声，现场安装工作量较小，施工速度快。

(5)便于工业化生产

铝合金门窗从框料型材加工、配套零件及密封件的制作，到门窗装配试验都可以在工厂内进行，并可以进行大批量工业化生产，有利于实现铝合金门窗产品设计标准化、产品系列化、零配件通用化，有利于实现门窗产品的商业化。

2. 合金门窗的种类

铝合金门窗的分类方法很多，按其用途不同进行分类，可分为铝合金窗和铝合金门两类。按开启形式不同进行分类，铝合金窗可分为固定窗、上悬窗、中悬窗、下悬窗、平开窗、滑撑平开窗、推拉窗和百叶窗等；铝合金门分为平开门、推拉门、地弹簧门、折叠门、旋转门和卷帘门等。

2. 划线定位

(1)根据设计图纸中门窗的安装位置、尺寸和标高，依据门窗中线向两边量出门窗边线。若为多层或高层建筑时，以顶层门窗边线为准，用线坠或经纬仪将门窗边线下引，并在各层门窗口处划线标记，对个别不直的口边应剔凿处理。

(2)门窗的水平位置应以楼层室内＋50 cm 的水平线为准向上反量出窗下皮标高，弹线找直。每一层必须保持窗下皮标高一致。

3. 墙厚方向的安装位置

根据外墙大样图及窗台板的宽度，确定铝合金门窗在墙厚方向的安装位置；如外墙厚度有偏差时，原则上应以同一房间窗台板外露尺寸一致为准，窗台板应伸入铝合金窗的窗下 5 mm 为宜。

4. 铝合金窗披水安装

按施工图纸要求将披水固定在铝合金窗上，且要保证位置正确、安装牢固。

5. 防腐处理

(1)门窗框两侧的防腐处理应按设计要求进行。如设计无要求时，可涂刷防腐材料，如橡胶型防腐涂料或聚丙烯树脂保护装饰膜，也可粘贴塑料薄膜进行保护，避免填缝水泥砂浆直接与铝合金门窗表面接触，产生电化学反应，腐蚀铝合金门窗。

(2)铝合金门窗安装时若采用连接铁件固定，铁件应进行防腐处理，连接件最好选用不锈钢件。

6. 铝合金门窗的安装就位

根据划好的门窗定位线，安装铝合金门窗框，及时调整好门窗框的水平、垂直及对角线长度等，并符合质量标准，然后用木楔临时固定。

7. 铝合金门窗的固定

(1)当墙体上预埋有铁件时，可直接把铝合金门窗的铁脚直接与墙体上的预埋铁件焊牢，焊接处需做防锈处理。

(2)当墙体上没有预埋铁件时，可用金属膨胀螺栓或塑料膨胀螺栓将铝合金门窗的铁脚固定到墙上。

螺栓简介

(1)塑料胀锚螺栓。塑料胀锚螺栓系用聚乙烯、聚丙烯塑料制造，用木螺钉旋入塑料螺栓内，使其膨胀压紧钻孔壁而锚固物体。它适用于锚固各种拉力不大的物体。

(2)金属胀锚螺栓。金属胀锚螺栓又称拉爆螺栓，使用时将螺栓塞入钻孔内，施紧螺母拉紧带锥形的螺栓杆，使套管膨胀压紧钻孔壁而锚固物体。这种螺栓锚固力很强，适用于各种墙面、地面锚固建筑配件和物体。

(3)当墙体上没有预埋铁件时，也可用电钻在墙上打 80 mm 深、直径为 6 mm 的孔，用L形 80 mm×50 mm 的 6 mm 钢筋。在长的一端粘涂 108 胶水泥浆，然后打入孔中。待 108 胶水泥浆终凝后，再将铝合金门窗的铁脚与埋置的 6 mm 钢筋焊牢。铝合金门窗安装节点如图 1—1 所示。

8. 门窗框与墙体缝隙的处理

铝合金门窗固定好后，应及时处理门窗框与墙体缝隙。如设计未规定填塞材料品种时，应采用矿棉或玻璃棉毡条分层填塞缝隙，外表面留 5～8 mm 深槽口填嵌嵌缝膏，严禁用水泥砂浆填塞。在门窗框两侧进行防腐处理后，可填嵌设计指定的保温材料和密封材料。待铝合金窗和窗台板安装后，将窗框四周的缝隙同时填嵌，填嵌时用力不应过大，防止窗框受力后变形。

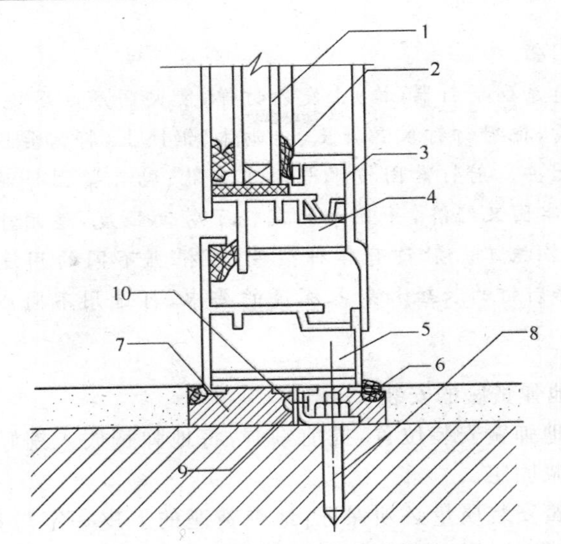

图1—1　铝合金门窗安装节点

1—玻璃；2—橡胶条；3—压条；4—内扇；5—外框；6—密封膏；
7—保温材料；8—膨胀螺栓；9—铆钉；10—塑料垫

9. 铝合金门框安装

(1)将预留门洞按铝合金门框尺寸提前修理好。

(2)在门框的侧边固定好连接铁件(或木砖)。

(3)门框按位置立好，找好垂直度及几何尺寸后，用射钉或自攻螺丝将其门框与墙体预埋件固定。

(4)用保温材料填嵌门框与砖墙(或混凝土墙)的缝隙。

(5)用密封膏填嵌墙体与门窗框边的缝隙。

自攻螺钉和射钉介绍

1. 自攻螺钉

自攻螺钉，钉身螺牙齿比较深，螺距宽、硬度高，可直接在钻孔内攻出螺牙齿，可减少一道攻丝工序，提高工效，适用于装饰的软金属板、薄铁板构件的连接固定之用，其价格比较便宜，常用于铝合金门窗的制作中。

2. 射钉

射钉系列射钉器(枪)击发射钉弹,使火药产生燃烧,释放出一定能量,把射钉钉入混凝土、砖砌体、钢铁上,将需要固定的物体固定上去。射钉紧固技术与人工凿孔、钻孔紧固等施工方法相比,既牢固又经济,并且大大减轻了劳动强度,适用于室内外装修、安装施工。射钉有各种型号,可根据不同的用途选择使用。根据射钉的长短和射入深度的要求,可选用不同威力的射钉弹。

10. 地弹簧座的安装

根据地弹簧安装位置,提前剔洞,将地弹簧放入剔好的洞内,用水泥砂浆固定。

地弹簧安装质量必须保证:地弹簧座的上皮一定与室内地平一致;地弹簧的转轴轴线一定要与门框横料的定位销轴心线一致。

11. 安装五金配件

五金配件与门窗连接用镀锌螺钉。安装的五金配件应结实牢固,使用灵活。

【技能要点3】涂色镀锌钢板门窗安装

1. 材料要求

(1)涂色镀锌钢板门窗规格、型号应符合设计要求,且应有出厂合格证。

(2)涂色镀锌钢板门窗所用的五金配件,应与门窗型号相匹配,并用五金喷塑铰链,并用塑料盒装饰。

(3)门窗密封采用橡胶密封胶条,断面尺寸和形状均应符合设计要求。

(4)门窗连接采用塑料插接件螺钉,把手的材质应按图纸要求而定。

(5)焊条的型号根据施焊铁件的厚度决定,并应有产品的合格证。

(6)嵌缝材料、密封膏的品种、型号应符合设计要求。

(7)32.5 级以上普通硅酸盐水泥或矿渣水泥。中砂过 5 mm 筛,筛好备用。豆石少许。

(8)防锈漆、铁纱(或铝纱)、压纱条、自攻螺钉等配套准备,并有产品合格证。

(9)膨胀螺栓、塑料垫片、钢钉等备用。

(10)主要机具:螺丝刀、粉线包、托线板、线坠、扳手、手锤、钢卷尺、塞尺、毛刷、刮刀、扁铲、铁水平、丝锥、扫帚、冲击电钻、射钉枪、电焊机、面罩、小水壶等。

电钻介绍

1.电钻

(1)特点

体积小,质量轻,操作快捷简便,工效高。对体积大、质量大、结构复杂的工件,利用电钻来钻孔尤其方便,不需要将工件夹固在机床上进行施工。因此,电钻是金属工施工过程中最常用的电动工具之一。

(2)用途

电钻是用来对金属、塑料或其他类似材料或工件进行钻孔的电动工具。

(3)使用注意事项

(1)电动小电钻禁止用力过猛压钻柄或用管子套在手柄上加力。

(2)手电钻的手提把和电源导线应经常检查,保持绝缘良好,电线必须架空,操作时戴绝缘手套。

(3)手电钻应按出厂的铭牌规定,正确掌握电压功率和使用时间如发现漏电现象、电机发热超过规定,转动速度突然变慢或有异声时,应立即停止使用,交电工检修。

(4)手电钻钻头必须拧紧,开始时应轻轻加压,钻孔钻杆保持直线,不得翘扳或过分加压,以防断钻。

(5)手电钻向上钻孔,只许用手顶托钻把,不许用头顶肩夹。

(6)手电钻高空作业时,应搭设安全脚手架或挂好安全带。

(7)手电钻先对准孔位后才开动电钻,禁止在转动中手扶钻杆对孔。

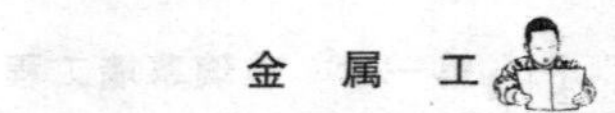

(8)电动小电钻的手提把和电源导线就经常检查,保持绝缘良好,电线必须架空,操作时戴绝缘手套。

2. 冲击电钻

冲击电钻,亦称电动冲击钻。它是可调节式旋转带冲击的特种电钻,当把旋钮调到纯旋转位置时,装上钻头,就像普通电钻一样,可对钢制品进行钻孔;如把旋钮调到冲击位置,装上镶硬质合金冲击钻头,就可以对混凝土、砖墙进行钻孔。冲击电钻广泛应用于建筑装饰工程以及安装水、电、煤气等方面。

2. 弹线找规矩

在最高层找出门窗口边线,用大线坠将门窗口边线引到各层,并在每层窗口处划线、标注,对个别不直的口边应进行处理。高层建筑可用经纬仪打垂直线。

门窗口的标高尺寸应以楼层+50 cm水平线为准往上返,这样可分别找出窗下皮安装标高,及门口安装标高位置。

3. 墙厚方向的安装位置

根据外墙大样及窗台板的宽度,确定涂色镀锌钢板门窗安装位置,安装时应以同一房间窗台板外露宽度相同来掌握。

4. 带副框的门窗安装

带副框的门窗安装,如图1—2所示。

(1)按门窗图纸尺寸在工厂组装好副框,运到施工现场,用M5×12的自攻螺钉将连接件铆固在副框上。

(2)按图纸要求的规格、型号运送到安装现场。

(3)将副框装入洞口,并与安装位置线齐平,用木楔临时固定,校正副框的正、侧面垂直度及对角线的长度无误后,用木楔牢固固定。

(4)将副框的连接件逐件用电焊焊牢在洞口的预埋铁件上。

(5)嵌塞门窗副框四周的缝隙,并及时将副框清理干净。

(6)在副框与门窗的外框接触的顶、侧面贴上密封胶条,将门窗装入副框内,适当调整,自攻螺钉将门窗外框与副框连接牢固,扣上孔盖;安装推拉窗时,还应调整好滑块。

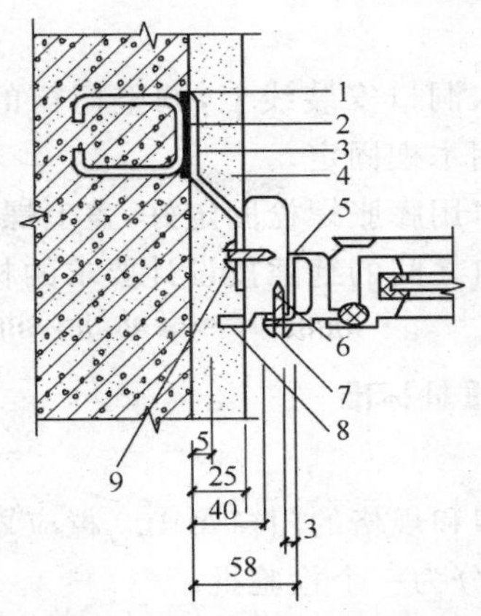

图 1—2　带副框涂色镀锌钢板门窗安装节点示意图(单位:mm)

1—预埋铁板;2—预埋件 ϕ10 圆铁;3—连接件;4—水泥砂浆;5—密封膏
6—垫片;7—自攻螺钉;8—副框;9—自攻螺钉

(7)副框与外框、外框与门窗之间的缝隙,应填充密封胶。

(8)做好门窗的防护,防止碰撞、损坏。

5. 不带副框的安装

不带副框的安装,如图 1—3 所示。其注意事项如下。

(1)按设计图的位置在洞口内弹好门窗安装位置线,并明确门窗安装的标高尺寸。

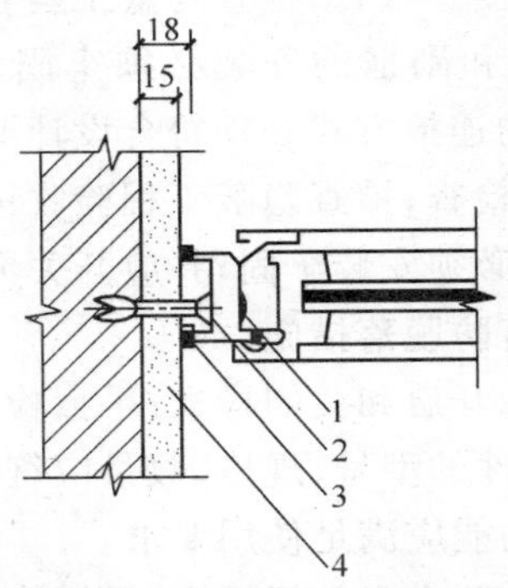

图 1—3　不带副框涂色镀锌钢板门窗安装节点示意图(单位:mm)

1—塑料盖;2—膨胀螺钉;3—密封膏;4—水泥砂浆

(2)按门窗外框上膨胀螺栓的位置,在洞口相应位置的墙体上

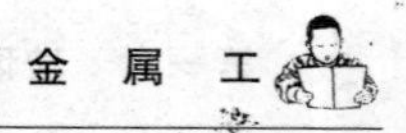

钻膨胀螺栓孔。

(3)将门窗装入洞口安装线上，调整门窗的垂直度、标高及对角线长度，合格后用木楔固定。

(4)门窗与洞口用膨胀螺栓固定好，盖上螺钉盖。

(5)门窗与洞口之间的缝隙按设计要求的材料嵌塞密实，表面用建筑密封胶封闭。

【技能要点 4】质量标准

1. 一般规定

同一品种、类型和规格的门窗每 100 樘应划分为一个检验批，不足 100 樘也应划分为一个检验批。

每个检验批应至少抽查 5%，并不得少于 3 樘，不足 3 樘时应全数检查；高层建筑的外窗，每个检验批应至少抽查 10%，并不得少于 6 樘，不足 6 樘时应全数检查。

2. 主控项目

(1)金属门窗的品种、类型、规格、尺寸、性能、开启方向、安装位置、连接方式及铝合金门窗的型材壁厚应符合设计要求。金属门窗的防腐处理及填嵌、密封处理应符合设计要求。

检验方法：观察；尺量检查；检查产品合格证书、性能检测报告、进场验收记录和复验报告；检查隐蔽工程验收记录。

(2)金属门窗框和副框的安装必须牢固。预埋件的数量、位置、埋设方式、与框的连接方式必须符合设计要求。

检验方法：手扳检查；检查隐蔽工程验收记录。

(3)金属门窗扇必须安装牢固，并应开关灵活、关闭严密，无倒翘。推拉门窗必须有防脱落措施。

检验方法：观察；开启和关闭检查；手扳检查。

(4)金属门窗配件的型号、规格、数量应符合设计要求，安装应牢固，位置应正确，功能应满足使用要求。

检验方法：观察；开启和关闭检查；手扳检查。

3. 一般项目

(1)金属门窗表面应洁净、平整、光滑、色泽一致，无锈蚀。大面应无划痕、碰伤。漆膜或保护层应连续。

检验方法：观察。

(2)铝合金门窗推拉门窗扇开关力应不大于100 N。

检验方法：用弹簧秤检查。

(3)金属门窗框与墙体之间的缝隙应填嵌饱满，并采用密封胶密封。密封胶表面应光滑、顺直，无裂纹。

检验方法：观察；轻敲门窗框检查；检查隐蔽工程验收记录。

(4)金属门窗扇的橡胶密封条或毛毡密封条应安装完好，不得脱槽。

检验方法：观察；开启和关闭检查。

(5)有排水孔的金属门窗，排水孔应畅通，位置和数量应符合设计要求。

检验方法：观察。

(6)钢门窗安装的留缝限值、允许偏差和检验方法应符合表1—1的规定。

表1—1　钢门窗安装的留缝限值、允许偏差和检验方法

项次	项目		留缝限值(mm)	允许偏差(mm)	检验方法
1	门窗槽口宽度、高度	≤1 500 mm	—	2.5	用钢尺检查
		>1 500 mm	—	3.5	
2	门窗槽口对角线长度差	≤2 000 mm	—	5	用钢尺检查
		>2 000 mm	—	6	
3	门窗框的正、侧面垂直度		—	3	用1 m垂直检测尺检查
4	门窗横框的水平度		—	3	用1 m水平尺和塞尺检查
5	门窗横框标高		—	5	用钢尺检查
6	门窗竖向偏离中心		—	4	用钢尺检查
7	双层门窗内外框间距		—	5	用钢尺检查

续上表

项次	项目	留缝限值(mm)	允许偏差(mm)	检验方法
8	门窗框、扇配合间隙	≤2	—	用塞尺检查
9	无下框时门扇与地面间留缝	4～8	—	用塞尺检查

(7)铝合金门窗安装的允许偏差和检验方法应符合表 1—2 的规定。

表 1—2　铝合金门窗安装的允许偏差和体验方法

项次	项目		允许偏差(mm)	检验方法
1	门窗槽口宽度、高度	≤1 500 mm	1.5	用钢尺检查
		>1 500 mm	2	
2	门窗槽口对角线长度差	≤2 000 mm	3	用钢尺检查
		>2 000 mm	4	
3	门窗框的正、侧面垂直度		2.5	用垂直检测尺检查
4	门窗横框的水平度		2	用 1 m 水平尺和塞尺检查
5	门窗横框标高		5	用钢尺检查
6	门窗竖向偏离中心		5	用钢尺检查
7	双层门窗内外框间距		4	用钢尺检查
8	推拉门窗扇与框搭接量		1.5	用钢直尺检查

(8)涂色镀锌钢板门窗安装的允许偏差和检验方法应符合表 1—3 的规定。

表 1—3　涂色镀锌钢板门窗安装的允许偏差和检验方法

项次	项目		允许偏差(mm)	检验方法
1	门窗槽口宽度、高度	≤1 500 mm	2	用钢尺检查
		>1 500 mm	3	
2	门窗槽口对角线长度差	≤2 000 mm	4	用钢尺检查
		>2 000 mm	5	
3	门窗框的正、侧面垂直度		3	用垂直检测尺检查

续上表

项次	项目	允许偏差(mm)	检验方法
4	门窗横框的水平度	3	用1 m水平尺和塞尺检查
5	门窗横框标高	5	用钢尺检查
6	门窗竖向偏离中心	5	用钢尺检查
7	双层门窗内外框间距	4	用钢尺检查
8	推拉门窗扇与框搭接量	2	用钢直尺检查

第二节 塑料门窗安装

【技能要点1】材料要求

(1)验收门、窗。塑料门窗运到现场后,应由现场材料及质量检查人员按照设计图纸对其进行品种、规格、数量、制作质量以及有否损伤、变形等进行检验。如发现数量、规格不符合要求,制作质量粗劣或有开焊、断裂等损坏,应予更换。对塑料门窗安装需用的锁具、执手、插销、铰链、密封胶条及玻璃压条等五金配件和附件,均应一一整点清楚。

门窗检验合格后,应将门、窗及其五金配件和附件分门别类进行存放。

(2)门、窗存放。塑料门、窗应放置在清洁、平整的地方,且应避免日晒雨淋。存放时应将塑料门、窗立放,立放角度不应小于70°,并应采取防倾倒措施。

(3)塑料门窗的规格、型号、尺寸均应符合设计要求。

(4)门窗配件应按门窗规格、型号配套。

(5)嵌缝材料及密封胶应按设计要求选用。

(6)自攻螺钉、钢钉或塑料胀栓等根据需要准备。

(7)按图要求弹好门窗位置线,并根据已弹好的±50 cm水平线,确定好安装标高。

(8)校核已留置的门窗洞口尺寸及标高是否符合设计要求,有问题的应及时修正。

(9)检查塑料门窗安装时的连接位置排列是否符合要求。

(10)检查门窗表面色泽是否均匀,是否有裂纹、麻点、气孔和明显擦伤。

(11)门窗洞口宽度和高度尺寸的允许偏差见表1—4。

表1—4 门窗洞口宽度和高度尺寸的允许偏差 (单位:mm)

墙体表面	洞口宽度或高度		
	<2 400	2 400～4 800	>4 800
未粉刷墙面	±10	±15	±20
已粉刷墙面	±5	±10	±15

【技能要点2】施工要点

(1)先将各楼层门窗洞口中线弹出,上下中心线对正,然后将窗框中心线位置做好标志,并且找好标高控制线。

(2)在门窗的上框及边框上安装固定片,其安装应符合下列要求。

1)检查门窗框上下边的位置及其内外朝向,并确认无误后,再安固定片。安装时应选用直径 ϕ3.2 mm的钻头钻孔,然后将十字槽盘端头自攻螺钉M4×20拧入,严禁直接锤击钉入。

2)固定片的位置应距门窗角、中竖框、中横框150～200 mm,固定片之间的间距应不大于600 mm。

(3)将窗框中心线对准洞口中心线后,用木楔临时固定,然后调整正侧面垂直平整及对角线,合格后,用膨胀螺栓将固定件与墙体固定牢固。

图1—4为塑料窗框与墙体的连接点布置。

(4)当门窗与墙体固定之时,应先固定上框,后固定边框。固定方法如下。

1)混凝土墙洞口采用射钉或塑料膨胀钉固定。

2)砖墙洞口采用塑料膨胀螺钉或水泥钉固定,并不得固定在砖缝上。

3)加气混凝土洞口,采用木螺钉将固定片固定在胶粘圆木上。

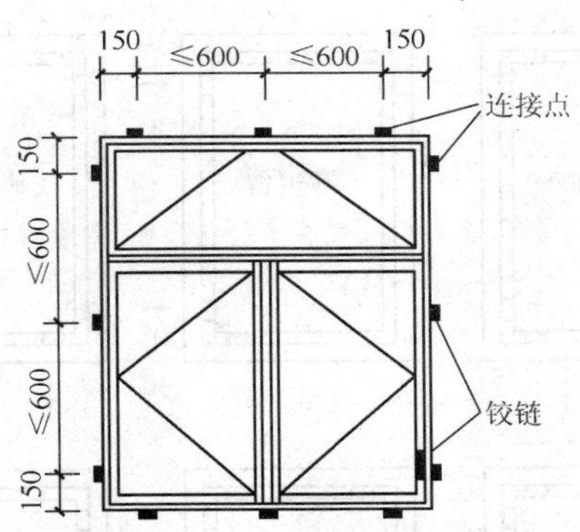

图 1—4　塑料窗框与墙体的连接点布置(单位:mm)

4)设备预埋铁件的洞口应采取焊接的方法固定,也可先在预埋件上按固定件规格打基孔。然后用紧固件固定。

5)设有防腐木砖的墙面,采用木螺钉把固定件固定在防腐木砖上。

木螺钉介绍

(1)沉头木螺钉。又称平头木螺钉,适用于要求紧固后钉头不露出制品表面的物体。

(2)半圆头木螺钉。半圆木螺钉顶端为半圆形,该钉拧紧后不易陷入制品里面,钉头底部平面积较大,强度比较高,适用于要求钉头强度高的地方,如木结构棚预钉固铁蒙皮之用。

(3)半沉头木螺钉。半沉头木螺钉形状与沉头木螺钉相似,但该钉被拧紧以后,钉头略微露出制品的表面,适用于要求钉头强度较高的地方。

6)窗下框墙体的固定可将固定片直接伸入墙体预留孔内,并用砂浆填实。

(5)玻璃不得与玻璃槽直接接触,应在玻璃四边垫上不同厚度的玻璃垫块。边框上的垫块应用聚氯乙烯胶加以固定。

玻璃不得与玻璃槽直接接触,应在玻璃四边垫上不同厚度的玻璃垫块,垫块的位置如图 1—5 所示。

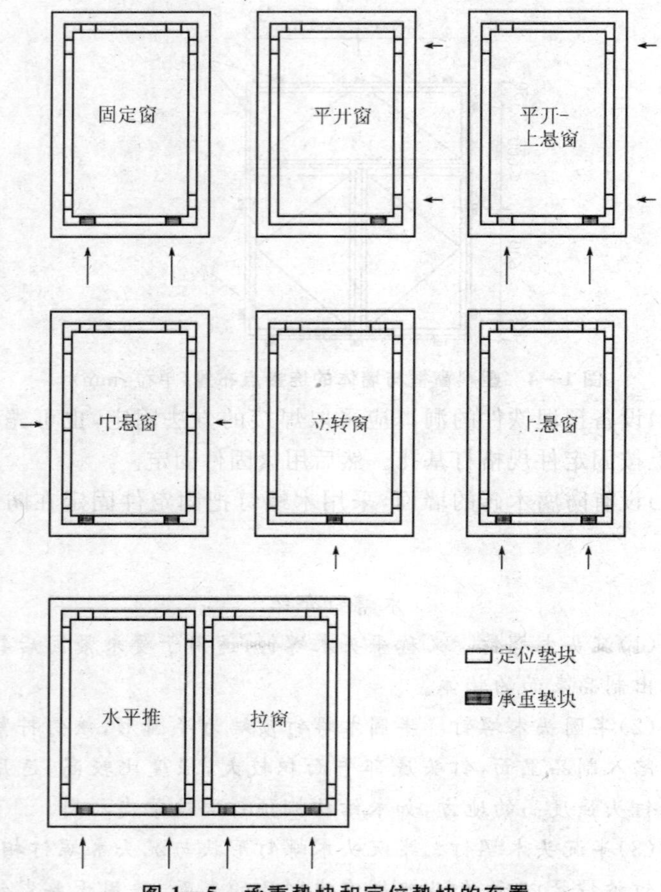

图 1—5 承重垫块和定位垫块的布置

(6)将玻璃装入框扇内,然后用玻璃压条将其固定。

(7)安双层玻璃时,玻璃夹层四周应嵌入中隔条,中隔条应保证密封,不变形,不脱落;玻璃槽及玻璃内表面应干燥、洁净。

(8)镀膜玻璃应装在玻璃的最外层;单面镀膜层应朝向室内。

(9)嵌缝打胶。

门窗框与洞口之间的伸缩缝内腔应采用闭孔泡沫塑料,发泡聚苯乙烯等弹性材料填塞。之后去掉临时固定的木楔,其空隙用相同材料填塞依框切齐。然后表面用厚度为 5～8 mm 的密封胶封闭。

(10)安装门窗附件。

安装时应先用电钻钻孔，再用自攻螺丝拧入，严禁用铁锤或硬物敲打，防止损坏框料。五金配件安装要牢固位置正确，开关灵活。

(11)清理。

门窗安装完毕，将门窗及玻璃清理干净。

【技能要点 3】质量标准

1. 一般规定

同一品种、类型和规格的塑料门窗，每 100 樘划分为一个检验批，不足 100 樘也应划分为一个检验批。

塑料门窗每个检验批应至少抽查 5%，并不得少于 3 樘，不足 3 樘时应全数检查；高层建筑的外窗，每个检验批应至少抽查 10%，并不得少于 6 樘，不足 6 樘时应全数检查。

2. 主控项目

(1)塑料门窗的品种、类型、规格、尺寸、开启方向、安装位置，连接方式及填嵌密封处理应符合设计要求，内衬增强型钢的壁厚及设置应符合国家现行产品标准的质量要求。

检验方法：观察；尺量检查；检查产品合格证书、性能检测报告、进场验收记录和复验报告；检查隐蔽工程验收记录。

(2)塑料门窗框，副框和扇的安装必须牢固。固定片或膨胀螺栓的数量与位置应正确，连接方式应符合设计要求。固定点应距窗角、中横框、中竖框 150～200 mm，固定点间距应不大于 600 mm。

检验方法：观察；手扳检查；检查隐蔽工程验收记录。

(3)塑料门窗拼樘料内衬增强型钢的规格、壁厚必须符合设计要求，型钢应与型材内腔紧密吻合，其两端必须与洞口固定牢固。窗框必须与拼樘料连接紧密，固定点间距应不大于 600 mm。

检验方法：观察；手扳检查；尺量检查；检查进场验收记录。

(4)塑料门窗扇应开关灵活、关闭严密，无倒翘。推拉门窗扇必须有防脱落措施。

检验方法:观察;开启和关闭检查;手扳检查。

(5)塑料门窗配件的型号、规格、数量应符合设计要求,安装应牢固,位置应正确,功能应满足使用要求。

检验方法:观察;手扳检查;尺量检查。

(6)塑料门窗框与墙体间缝隙应采用闭孔弹性材料填嵌饱满,表面应采用密封胶密封。密封胶应黏结牢固,表面应光滑、顺直、无裂纹。

检验方法:观察;检查隐蔽工程验收记录。

3. 一般项目

(1)塑料门窗表面应洁净、平整、光滑,大面应无划痕、碰伤。

检验方法:观察。

(2)塑料门窗的密封条不得脱槽。旋转窗间隙应基本均匀。

(3)塑料门窗扇的开关力应符合下列规定:

1)平开门窗扇平铰链的开关力应不大于 80 N;滑撑铰链的开关力应不大于 80 N,并不小于 30 N。

2)推拉门窗扇的开关力应不大于 100 N。

检验方法:观察;用弹簧秤检查。

(4)玻璃密封条与玻璃及玻璃槽口的接缝应平整,不得卷边、脱槽。

检验方法:观察。

(5)排水孔应畅通,位置和数量应符合设计要求。

检验方法:观察。

(6)塑料门窗安装的允许偏差和检验方法应符合表 1—5 的规定。

表 1—5　塑料门窗安装的允许偏差和检验方法

项次	项目		允许偏差(mm)	检验方法
1	门窗槽口宽度、高度	≤1 500 mm	2	用钢尺检查
		>1 500 mm	3	

续上表

项次	项目		允许偏差(mm)	检验方法
2	门窗槽口对角线长度差	≤2 000 mm	3	用钢尺检查
		＞2 000 mm	5	
3	门窗框的正、侧面垂直度		3	用1 m垂直检测尺检查
4	门窗横框的水平度		3	用1 m水平尺和塞尺检查
5	门窗横框标高		5	用钢尺检查
6	门窗竖向偏离中心		5	用钢直尺检查
7	双层门窗内外框间距		4	用钢尺检查
8	同樘平开门窗相邻扇高度差		2	用钢尺检查
9	平开门窗铰链部位配合间隙		+2 −1	用塞尺检查
10	推拉门窗扇与框搭接量		+1.5 −2.5	用钢尺检查
11	推拉门窗扇与竖框平等度		2	用1 m水平尺和塞尺检查

第三节　特种门安装

【技能要点1】材料要求

(1)规格、型号应符合设计要求，且有出厂合格证，特种门及其附件的生产许可文件等。

(2)所用的五金配件与门的型号相匹配。

(3)焊条的型号根据施焊铁件的材质、厚度决定，并有产品的合格证。

焊条的介绍

1. 焊条的组成

(1)焊芯。

焊芯是组成焊缝金属的主要材料。它的化学成分和非金属夹杂物的多少，将直接影响着焊缝的质量。因此，结构钢焊条的焊芯应符合国家标准《熔化焊用钢丝》(GB/T 14957—1994)的要求。

焊芯具有较低的含碳量和一定的含锰量，含硅量控制较严，硫、磷的含量则控制更严。焊芯牌号中带"A"字母者，其硫、磷的含量均不能超过0.03%。焊芯的直径即称为焊条的直径，我国生产的电焊条最小直径为1.6 mm，最大为8 mm，其中以3.2～5 mm的电焊条应用最广。

(2)药皮。

焊条药皮在焊接过程中的主要作用是提高电弧燃烧的稳定性，防止空气对熔化金属的有害作用，对熔池脱氧和加入元素，以保证焊缝金属的化学成分和力学性能。

2. 焊条的种类、型号和牌号

焊接的应用范围越来越广泛，为适应各个行业的需求，使各种材料可达到不同性能要求，焊条的种类和型号非常多。我国将焊条按化学成分划分为七大类，即碳钢焊条、低合金钢焊条、不锈钢焊条、堆焊焊条、铸铁焊条及焊丝、铝及铝合金焊条、铜及铜合金焊条等。其中应用最多的是碳钢焊条和低合金钢焊条。

焊条型号是国家标准中代号。碳钢焊条型号见(GB/T 5117—1995)，如E4303、E5015、E5016等。"E"表示焊条；前两位数字表示焊缝金属的抗拉强度级；第三位数字表示焊条的焊接位置。"0"及"1"表示焊条适用于全位置焊接(平．立、仰，横)，"2"表示焊条适用于平焊及平角焊，"4"表示焊条适用于向下立焊；第三位和第四位数字组合时表示焊接电流种类及药皮类型，如"03"为钛钙型药皮，交流或直流正、反接，"15"为低氢钠型药皮，直流反接，"16"为低氢钾型药皮，交流或直流反接。低合金钢焊条型号中的四位数字之后，还标出附加合金元素的化学成分。

焊条牌号是焊条行业统一的焊条代号。焊条牌号一般用一个大写拼音字母和三个数字表示，如J422、J507等。拼音字母表示焊条的大类，如"J"表示结构钢焊条(碳钢焊条和普通低合金钢焊条)，"A"表示奥氏体不锈钢焊条，"Z"表示铸铁焊条等；前两位数字表示各大类中的若干小类，如结构钢焊条前两位数字表示焊缝金属抗拉强度等级，其等级有42、50、55、60、70、75、80等，分别表示其焊缝金属的抗拉强度大于或等于420 MPa、500 MPa、550 MPa、600 MPa、700 MPa、750 MPa、800 MPa；最后一个数字表示药皮类型和电流种类。

焊条还可按熔渣性质分为酸性焊条和碱性焊条两大类。药皮熔渣中酸性氧化物(如SiO_2、TiO_2、Fe_2O_3)比碱性氧化物(如CaO、FeO、MnO)多的焊条称为酸性焊条。此类焊条适合各类电源，其操作性能好，电弧稳定，成本较低，但焊缝的塑性和韧性稍差，渗合金作用弱，故不宜焊接承受动荷载和要求高强度的重要结构件。熔渣中碱性氧化物比酸性氧化物多的焊条称为碱性焊条。此类焊条一般要求采用直流电源，焊缝塑性及韧性好，抗冲击能力强，但可操作性差，电弧不够稳定，且价格较高，故只适合焊接重要结构件。

3.焊条的选用原则

选用焊条通常是首先根据焊件化学成分、力学性能、抗裂性、耐腐蚀性以及高温性能等要求，选用相应的焊条种类；然后再根据焊接结构形状、受力情况、焊接设备和焊条价格等，来选定具体的焊条型号。在具体选用焊条时，一般应遵循以下原则。

(1)低碳钢和普通低合金钢构件，一般都要求焊缝金属与母材等强度，因此可根据钢材的强度等级来选用相应的焊条。但必须注意，钢材是按屈服强度确定等级的，而结构钢焊条的强度等级是指金属抗拉强度的最低保证值。

(2)同一强度等级的酸性焊条或碱性焊条的选定，主要应考虑焊接件的结构形状(简单或复杂)、钢板厚度、载荷性质(动荷或静荷)和钢材的抗裂性要求而定。通常对要求塑性好、冲击韧性高、抗裂能力强或低温性能好的结构，要选用碱性焊条。如果构件受力不复杂、母材质量较好，应尽量选用较经济的酸性焊条。

(3)低碳钢与低合金钢结构钢混合焊接，可按异种钢接头中强度较低的钢材来选用相应的焊条。

(4)铸钢的含碳量一般都比较高，而且厚度较大，形状比较复杂，很容易产生焊接裂纹。一般应选用碱性焊条，并采取适当的工艺措施(如预热)进行焊接。

(5)焊接不锈钢或耐热钢等有特殊性能要求的钢材，应选用相应的专用焊条，以保证焊缝的主要化学成分和性能与母材相同。

(4)嵌缝材料应符合设计要求。

(5)宜用32.5级以上普通硅酸盐水泥或矿渣水泥，中砂过筛(5 mm)后备用。

【技能要点2】防火门安装

(1)划线：按设计要求的尺寸、标高和方向，画出门框口位置线。

(2)立门框：先拆掉门框下部的固定板。门框口高度比门扇高度大于30 mm。洞口两侧地面已经预留凹槽，门框埋地20 mm深。

将框用楔子临时固定在洞口内，经校正合格后，固定木楔，门框铁角与预埋件焊牢。

(3)安装门扇及附件：门框周边缝隙，用水泥砂浆或细石混凝土嵌塞牢固，经养护凝固后，粉刷洞口及墙体。粉刷完毕后，安装门扇、五金配件和有关防火装置。门至闭合时，门缝应均匀平整，开启自由轻便，不得有过紧、过松和反弹现象。

【技能要点3】金属卷帘门安装

(1)检查门洞是否与卷帘门尺寸相符。

(2)测量洞标高，弹出导轨线及卷筒和左右支架、安装卷筒中心线。

(3)将垫板电焊在预埋铁板上,用螺钉固定卷筒的左右支架,安装卷筒,卷筒安装后应转动灵活。

电焊方法介绍

手工电弧焊是用手工操纵焊条进行焊接的一种电弧焊方法(简称手弧焊),其焊接过程如图1—6所示。

在手弧焊过程中焊接电弧和熔池的温度比一般冶炼温度高;会使金属元素强烈蒸发和大量烧损;其次,由于焊接熔池体积小,从熔化到凝固时间极短,使各种化学反应难以达到平衡状态,焊缝中的化学成分不够均匀,气体和杂质来不及浮出,易产生气孔和夹渣缺陷。

为了保证焊缝金属的化学成分和力学性能,除了清除焊件表面的铁锈、油污及烘干焊条外,还必须采用焊条药皮、焊剂或保护气体(如二氧化碳、氩气)等,机械地把液态金属与空气隔开,以防止空气的有害作用。同时,也可通过焊条药皮、提芯(丝)或焊剂对熔化金属进行冶金处理,以去除有害杂质,添加合金元素,获得优质的焊缝金属。

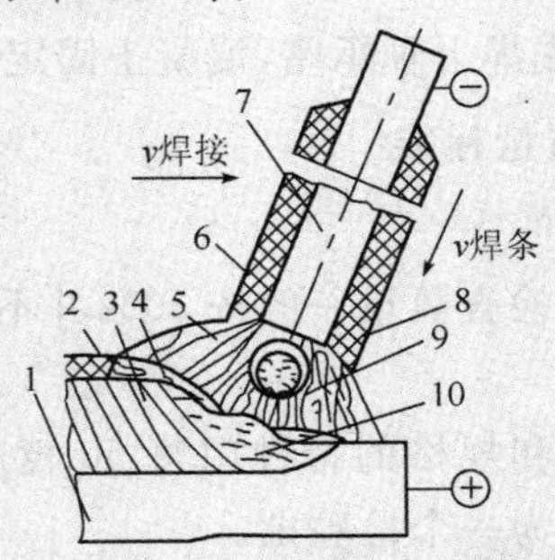

图1—6　手弧焊焊接过程示意图

1—母材金属;2—渣壳;3—焊缝;4—液态熔渣;5—保护气体层;6—焊条药皮;7—焊芯;8—熔滴;9—电弧;10—熔池

(4)按照产品说明书安装减速器和传动系统。

(5)按照产品说明书安装电气控制系统。

(6)按照产品说明书空载试车。

(7)将事先装配好的帘板安装在卷筒上。

(8)安装导轨：按图纸规定位置，将两侧及上方导轨焊牢于墙体预埋件上，并焊成一体，各导轨应在同一垂直面上。

(9)安装水幕喷淋系统。

(10)试车：先手动试运行，再用电动机关闭启动数次，调整至无卡住阻滞及异常噪声等现象为止。全部调试完，安装防护罩。

【技能要点 4】玻璃转门安装

(1)质量检查：开箱后，检查构件质量是否合格，零配件是否齐全，门樘尺寸是否与预留门洞尺寸相符。

(2)门框固定：按洞口位置将门框正确地与预埋件固定，并检查固定的是否水平、居中。

(3)安转轴：将底座下垫实，不允许有下陷情况，然后固定底座，底座临时点焊上轴承支座，使转轴垂直于地面。

(4)安装门顶及转臂：转臂不允许预先固定，以便于调整。装门扇、旋转门扇，保证上下间隙，调整转臂位置，以保证门扇与转臂之间的间隙。

(5)整体固定：先焊上轴承座，混凝土固定底座。

【技能要点 5】质量标准

1. 一般规定

(1)每一验收批检查数量一般按 50%并不少于 10 樘，不足 10 樘时应全数检查。

同一品种、类型和规格的特种门每 50 樘应划为一个检验批，不足 50 樘也应划分为一个检验批。

(2)检验批及分项工程应有监理工程师(建设单位项目技术负责人)组织施工单位项目专业质量(技术)负责人等进行验收。

2. 主控项目

(1)特种门的质量和各项性能应符合设计要求。

检验方法：检查生产许可证、产品合格证书和性能检测报告。

(2)特种门的品种、类型、规格、尺寸、开启方向、安装位置及防腐处理应符合设计要求。

检验方法:观察;尺量检查;检查进场验收记录和隐蔽工程验收记录。

(3)带有机械装置、自动装置或智能化装置的特种门,其机械装置、自动装置或智能化装置的功能应符合设计要求和有关标准的规定。

检验方法:启动机械装置、自动装置或智能化装置,观察。

(4)特种门的安装必须牢固。预埋件的数量、位置、埋设方式、与框的连接方式必须符合设计要求。

检验方法:观察;手扳检查;检查隐蔽工程验收记录。

(5)特种门的配件应齐全,位置应正确,安装应牢固,功能应满足使用要求和特种门的各项性能要求。

检验方法:观察;手扳检查;检查产品合格证书、性能检测报告和进场验收记录。

3. 一般项目

(1)特种门的表面装饰应符合设计要求。

检验方法:观察。

(2)特种门的表面应洁净,无划痕、碰伤。

检验方法:观察。

(3)推拉自动门安装的留缝限值、允许偏差和检验方法应符合表1—6的规定。

表1—6　推拉自动门安装的留缝限值、允许偏差和检验方法

项次	项目		留缝限值(mm)	允许偏差(mm)	检验方法
1	门槽口宽度、高度	≤1 500 mm	—	1.5	用钢尺检查
		>1 500 mm	—	2	
2	门槽口对角线长度差	≤2 000 mm	—	2	用钢尺检查
		>2 000 mm	—	2.5	
3	门框的正、侧面垂直度		—	1	用1m垂直检测尺检查

续上表

项次	项目	留缝限值(mm)	允许偏差(mm)	检验方法
4	门构件装配间隙	—	0.3	用塞尺检查
5	门梁导轨水平度	—	1	用1m水平尺和塞尺检查
6	下导轨与门梁导轨平行度	—	1.5	用钢尺检查
7	门扇与侧框间留缝	1.2～1.8	—	用塞尺检查
8	门扇对口缝	1.2～1.8	—	用塞尺检查

(4)推拉自动门的感应时间限值和检验方法应符合表1—7的规定。

表1—7 推拉自动门的感应时间限值和检验方法

项次	项目	感应时间限值(s)	检验方法
1	开门感应时间	≤0.5	用秒表检查
2	堵门保护延时	16～20	用秒表检查
3	门扇全开启后保持时间	13～17	用秒表检查

(5)旋转门安装允许偏差和检验方法应符合表1—8的规定。

表1—8 旋转门安装的允许偏差和检验方法

项次	项目	允许偏差(mm)		检验方法
		金属框架玻璃旋转门	木质旋转门	
1	门扇正、侧面垂直度	1.5	1.5	用1m垂直检测尺检查
2	门扇对角线长度差	1.5	1.5	用钢尺检查
3	相邻扇高度差	1	1	用钢尺检查
4	扇与圆弧边留缝	1.5	2	用塞尺检查
5	扇与上顶间留缝	2	2.5	用塞尺检查
6	扇与地面间留缝	2	2.5	用塞尺检查

第四节　门窗玻璃安装

【技能要点1】材料要求

(1)玻璃等材料品种、规格和颜色应符合设计要求,其质量及观感符合有关产品标准。

(2)平板、磨砂、彩色、压花、吸热、热反射、中空、夹层、钢化玻璃等品种、规格按设计要求选用,进场的玻璃应有产品合格证,安全玻璃应有资质证书。

(3)油灰(腻子)应具有塑性且不泛油,不粘手,应柔软,有拉力、支撑力。外观呈灰白色稠塑性固体膏状为好。用于钢门窗玻璃的油灰应具有防锈性。

(4)红丹、铅油、玻璃钉、钢丝卡子、油绳、橡胶垫、木压条、煤油等应满足设计要求。

(5)橡胶压条、密封胶应符合设计要求,并应有产品合格证及使用说明。

(6)氯丁橡胶垫层及铝合金垫层,根据需要准备。

(7)玻璃胶的选用应与铝合金相匹配,并应有出厂合格证。

(8)玻璃的运输和存放应符合下列规定:

1)玻璃的运输和存放应符合现行《平板玻璃》(GB 4871—2009)的有关规定。

2)玻璃不应搁置和倚靠在可能损伤玻璃边缘和玻璃面的物体上。

3)应防止玻璃被风吹倒。

(9)当用人力搬运玻璃时应符合下列规定:

1)应避免玻璃在搬运过程中破损。

2)搬运大面积玻璃时应注意风向,以确保安全。

【技能要点2】钢、木框扇玻璃安装

(1)门窗玻璃安装顺序,一般先安外门窗,后安内门窗,先西北后东南的顺序安装;如果因工期要求或劳动力允许,也可同时进行安装。

(2)玻璃安装前应清理裁口。先在玻璃底面与裁口之间,沿裁口的全长均匀涂抹 1～3 mm 厚的底油灰,接着把玻璃推铺平整、压实,然后收净底油灰。

(3)木门窗玻璃推平、压实后,四边分别钉上钉子,钉子间距 150～200 mm,每边不少于 2 个钉子,钉完后用手轻敲玻璃,响声坚实,说明玻璃安装平实;如果响声啪啦啪啦,说明油灰不严,要重新取下玻璃,铺实底油灰后,再推压挤平,然后用油灰填实,将灰边压平压光,并不得将玻璃压得过紧。

(4)安装长边大于 1.5 m 或短边大于 1 m 的玻璃,应用橡胶垫并用压条和螺钉镶嵌固定。

(5)木框扇上玻璃推平后压实,两边分别钉上钉子,钉子的间距为 150～200 mm,每边不应少于 2 个钉子,钉实后用手轻敲玻璃,响声坚实,说明玻璃安装平实;如果出现啪啦啪啦响声,则油灰没有打严,应取下玻璃,铺实底油灰后再推压挤平,然后用油灰填实,将灰边压平、压光;如采用木条固定时,应涂一遍干性油,且不能将玻璃压得过紧。

(6)木门窗固定扇(死扇)玻璃安装,应先用扁铲将木压条撬出,同时退出压条上小钉,并将裁口处抹上底油灰,把玻璃推铺平整,然后嵌好四边木压条将钉子钉牢,底灰修好、刮净。

(7)安装斜天窗的玻璃,如设计没有要求时,应采用夹丝玻璃,并应从顺留方向盖叠安装。盖叠安装搭接长度应视天窗的坡度而定,当坡度为 1/4 或大于 1/4 时,不小于 30 m;坡度小于 1/4 时,不小于 50 mm,盖叠处应用钢丝卡固定,并在缝隙中用密封膏嵌填密实;如果用平板或浮法玻璃时,要在玻璃下面加设一层镀锌铅丝网。

(8)门窗安装彩色玻璃和压花,应按照明设计图案仔细裁割,拼缝必须吻合,不允许出现错位、松动和斜曲等缺陷。

(9)安装窗中玻璃,按开启方向确定定位垫块,宽度应大于玻璃的厚度,长度不宜小于 25 mm,并应按设计要求。

(10)钢门窗安装玻璃,应用钢丝卡固定,钢丝卡间距不得大于300 mm,且每边不得少于2个,并用油灰填实抹光;如采用橡胶垫,应先将橡胶垫嵌入裁口内,并且用压条和螺丝钉加以固定。

(11)安装斜天窗时宜用夹丝玻璃,如采用平板玻璃或浮法玻璃时,应在玻璃下面加设一层镀锌铅丝网,玻璃安装时,应从顺流水方向盖叠安装,盖叠搭接长度,当天窗坡度大于或等于1/4时,不小于30 mm,当天窗坡度小于1/4时,不小于50 mm,盖叠处应用钢丝卡固定,并在缝隙中用密封膏嵌填密实。

(12)如安装彩色玻璃和压花玻璃,应按照设计图案仔细裁割,拼缝必须吻合,不允许出现错位和斜曲等缺陷。

(13)阳台、楼梯或楼梯拦板等维护结构安装钢化玻璃时,应按设计要求用自紧螺钉或压条镶嵌固定,在玻璃与金属框格连接处,应衬橡胶条或塑料垫。

(14)安装压花玻璃或磨砂玻璃时,压花玻璃的花面朝外,磨砂玻璃的磨砂面应朝向室内。

(15)安装玻璃隔断时,隔断上框的顶面应有适量缝隙,以防结构变形时将玻璃损坏。

(16)固定扇玻璃安装应先用扁铲将木条撬出,同时退出压条上的小钉子,并将裁口处抹上底油灰,把玻璃推铺平整,然后嵌好四边木压条,将钉子钉牢,将底灰修好,刮净。

(17)玻璃安装后,应进行清理,将油灰、钉子、钢丝卡及木压条等随手清理干净,关好门窗。

(18)冬期施工应在已经安装好玻璃的室内作业(即内门窗玻璃),温度应在正温度以上;存放玻璃库房与作业面的温度不能相差过大,玻璃如果从过冷或过热的环境中运入操作地点,应待玻璃温度与室内温度相近后再进行安装;如果条件允许,要先将预先裁割好的玻璃提前运入作业地点。外墙铝合金框扇玻璃不宜冬期安装。

【技能要点3】塑料框扇玻璃安装

(1)去除玻璃表面的尘土、油污等污物和水膜,并将玻璃槽口内的灰浆、异物清除干净,使排水孔畅通。

(2)核对玻璃的品种、尺寸、规格是否正确,框扇是否平整、牢固。

(3)将裁割好的玻璃放入塑料框扇凹槽中间,内外两侧的间隙不少于2 mm,装配后应保证玻璃与镶嵌槽间隙,并在主要部位装上减震垫,以缓冲启闭等力的冲击。

(4)玻璃安装后,及时将橡胶压条嵌入玻璃两侧密封,然后将玻璃挤紧,橡胶压条的规格要与凹槽的实际尺寸相符,所嵌的压条要和玻璃、玻璃槽口紧贴,安装不能偏位,不能强行填入压条,防止玻璃承受较大安装压力,而产生裂缝,橡胶条拐角处应割成八字角,并用专用密封胶粘牢。

(5)检查玻璃橡胶压条设置的位置是否正确,以不堵塞排水孔为宜。然后将玻璃固定。

(6)清理玻璃表面的污渍,关闭框扇,插好插销,防止风吹将玻璃摔碎。

【技能要点4】铝合金框扇玻璃安装

(1)门窗扇和门窗玻璃应在洞口墙体表面装饰完工验收后安装。

(2)除去玻璃和铝合金表面的尘土、油污和水膜,并将玻璃槽口内的砂浆及异物清理干净,畅通排水孔,并复查框扇开关是否灵活。使用密封胶固定时,应先调整好玻璃的垂直及水平位置,密封胶与玻璃及其槽口粘接处必须洁净。

(3)安装准备:将玻璃下部用约3 mm厚的氯丁橡胶垫块垫于凹槽内,避免玻璃直接接触框扇。

(4)推拉门窗在门窗框安装固定后,将配好玻璃的门窗扇整体安入框内滑槽,调整好与扇的缝隙即可。

(5)铝合金框扇安装玻璃,安装前,应清除铝合金框的槽口内所有灰渣、杂物等,畅通排水孔。在框口下边槽口放入橡胶垫块,以免玻璃直接与铝合金框接触。

1)平板玻璃与窗玻璃槽的配合尺寸、名称详见表1—9。

2)塑料垫块下面可增设铝合金垫片,垫片与垫块都应固定于框扇上。

表 1—9　平板玻璃与窗玻璃槽的配合尺寸、名称　（单位：mm）

中空玻璃	固定部位					活动部分				
玻璃＋A＋玻璃	镶嵌口净宽	镶嵌深度	镶嵌槽间隙			镶嵌口净宽	镶嵌深度	镶嵌槽间隙		
			下边	上边	两侧			下边	上边	两侧
3＋A＋3	≥5	≥12	≥7	≥5	≥5	≥15	≥12	≥7	≥3	≥3
4＋A＋3	≥5	≥13	≥7	≥5	≥5	≥15	≥13	≥7	≥3	≥3
5＋A＋5	≥5	≥14	≥7	≥5	≥5	≥15	≥14	≥7	≥3	≥3
6＋A＋6	≥5	≥15	≥7	≥5	≥5	≥15	≥15	≥7	≥3	≥3

注：A＝6～12 m

（6）安装玻璃时，使玻璃在框口内准确就位，玻璃安装在凹槽内，内外侧间隙应相等，间隙宽度一般在 2～5 mm。

（7）采用橡胶条固定玻璃时，先用 10 mm 长的橡胶块断续地将玻璃挤住，再在胶条上注入密封胶，密封胶要连续注满在周边内，注得均匀。

（8）采用橡胶块固定玻璃时，先将橡胶压条嵌入玻璃两侧密封，然后将玻璃挤住，再在其上面注入密封胶。

（9）采用橡胶压条固定玻璃时，先将橡胶压嵌入玻璃两侧密封，容纳后将玻璃挤紧，上面不再注密封胶。橡胶压条长度不得短于所需嵌入长度，不得强行嵌入胶条。

（10）地弹簧门应在门框及地弹簧主机入地安装固定后再安门扇。先将玻璃嵌入门扇格架并一起入框就位，调整好框扇缝隙，最后填嵌门扇玻璃的密封条及密封胶。

【技能要点 5】质量标准

1. 一般规定

同一品种、类型和规格的门窗玻璃每 100 樘应划分为一个检验批，不足 100 樘也应划分为一个检验批。每个检验批应至少抽查 5%，并不得少于 3 樘，不足 3 樘时应全数检查；高层建筑的外窗，每个检验批应至少抽查 10%，并不得少于 6 樘，不足 6 樘时应全数检查。

2. 主控项目

(1)玻璃的品种、规格、尺寸、色彩、图案和涂抹朝向应符合设计要求。单块玻璃大于 1.5 m^2 应使用安全玻璃。

检验方法：观察；检查产品合格证书，性能检测报告和进场验收记录。

(2)门窗玻璃裁割尺寸应正确，安装后的玻璃应牢固，不得有裂纹、损伤和松动。

检验方法：观察；轻敲检查。

(3)玻璃的安装方法应符合设计要求，固定玻璃的钉子或钢丝卡的数量、规格应保证玻璃安装牢固。

检验方法：观察；检查施工记录。

(4)镶钉木压条接触玻璃处，应与裁口边缘平齐。木压条应互相紧密连接，并与裁口边缘贴紧，割角应整齐。

检验方法：观察。

(5)密封条与玻璃、玻璃槽口的接触应紧密、平整。密封胶与玻璃、玻璃槽口的边缘应粘接牢固，接缝平齐。

检验方法：观察。

(6)带密封胶的玻璃压条，其密封条必须与玻璃全部贴紧，压条与型材之间应无明显缝隙，压条接缝应不大于 0.5 mm。

检验方法：观察、尺量检查。

3. 一般项目

(1)玻璃表面应洁净，不得有腻子、密封胶、涂料等污渍。中空玻璃内外表面均应洁净，玻璃中空层内不得有灰尘和水蒸汽。

检验方法：观察。

(2)门窗玻璃不应直接接触型材。单面镀膜玻璃的镀膜层及磨砂玻璃的磨砂面应朝向室内。中空玻璃的单面镀膜玻璃应在最外层，镀膜层应朝向室内。

检验方法：观察。

(3)腻子应填抹饱满,粘接牢固;腻子边缘与裁口应平齐,固定玻璃的卡子不应在腻子表面显露。

检验方法:观察。

第二章　吊顶工程施工技术

第一节　施工准备

【技能要点1】一般规定

(1)安装龙骨前,应按设计要求对房间净高、洞口标高和吊顶内管道、设备及其支架的标高进行交接检验。

(2)吊顶工程的木吊杆、木龙骨和木饰面板必须进行防火处理,并应符合有关设计防火规范的规定。

由于发生火灾时,火焰和热空气迅速向上蔓延,防火问题对吊顶工程是至关重要的,使用木质材料装饰装修顶棚时应慎重。《建筑内部装修设计防火规范》(GB 50222－1995)规定顶棚装饰装修材料的燃烧性能必须达到A级或B1级,未经防火处理的木质材料的燃烧性能达不到这个要求。

(3)吊顶工程中的预埋件、钢筋吊杆和型钢吊杆应进行防锈处理。

(4)安装饰面板前应完成吊顶内管道和设备的调试及验收。

(5)吊顶材料在运输、搬运、安装、存放时应采取相应措施,防止受潮、变形及损坏板材的表面和边角。

(6)吊顶内充填的吸音、保温材料的品种和铺设厚度应符合设计要求,并应有防散落措施。

(7)饰面板上的灯具、烟感器、喷淋头、风口篦子等设备的位置应合理、美观,与饰面板交接处应严密。

(8)吊顶工程在施工前要对吊顶进行整体规划,应使各类设施对称、协调、美观、观感好,满足使用功能。

(9)块状板材要预先排版,要从中间向两边排,边块不宜出现小于1/2板块。

(10)龙骨不得变形,并应与罩面板相协调,设变形缝。

(11)室外木门窗应有防风雨措施。

(12)吊杆距主龙骨端部距离不得大于 300 mm，当大于 300 mm时，应增加吊杆。当吊杆长度大于 1.5 m 时，应设置反支撑。当吊杆与设备相遇时，应调整并增设吊杆。

(13)重型灯具、电扇及其他重型设备严禁安装在吊顶工程的龙骨上。

龙骨的设置主要是为了固定饰面材料，一些轻型设备如小型灯具、烟感器、喷淋头、风口篦子等也可以固定在饰面材料上。但如果把电扇和大型吊灯固定在龙骨上，可能会造成脱落伤人事故。

【技能要点 2】材料要求

1. 一般要求

(1)吊顶工程所用材料的品种、规格和质量应符合设计要求和国家现行标准的规定。严禁使用国家明令淘汰的材料。所有材料进场时应对品种、规格、外观和尺寸进行验收。材料包装应完好，应有产品合格证书、中文说明书及相关性能的检测报告；木吊杆、木龙骨的含水率应小于 12%。

(2)按设计要求可选用龙骨和配件及罩面板，材料品种、规格及质量要求应符合设计要求。

(3)对人造板、胶黏剂的甲醛、苯含量进行复检，检测报告应符合国家环保规定要求。

(4)吊顶工程中的预埋件、钢筋吊杆和型钢吊杆应进行防锈处理。

(5)金属板面层涂饰必须色涂一致，表面平整，几何尺寸偏差在允许范围内。

(6)吊顶工程应对人造木板的甲醛含量进行复验。

2. 轻钢龙骨质量要求

(1)轻钢龙骨分 U 形和 T 形龙骨两种。

(2)轻钢骨架主件为中、小龙骨；配件有吊挂件、连接件、插接件。

(3)零配件：有吊杆、花篮螺栓、射钉、自攻螺钉。

(4)按设计要求可选用各种罩面板、钢、铝压缝条或塑料压缝条。

(5)轻钢龙骨质量要求，见表2—1～表2—3。

表2—1 轻钢龙骨断面规格尺寸允许偏差 (单位:mm)

项目			优等品	一等品	合格品
长度 L				$^{+30}_{-10}$	
覆面龙骨断面尺寸	尺寸 A	$A\leqslant30$		±1.0	
		$A>30$		±1.5	
	尺寸 B		±0.3	±0.4	±0.5
其他龙骨断面尺寸	尺寸 A		±0.3	±0.4	±0.5
	尺寸 B	≤30		±1.0	
		>30		±1.5	

表2—2 轻钢龙骨角度允许偏差

成形角的最短边尺寸(mm)	优等品	一等品	合格品
10～18	±1°15′	±1°30′	±2°00′
>18	±1°00′	±1°15′	±1°30′

表2—3 轻钢龙骨外观、表面质量 (单位:g/m^2)

缺陷种类 / 腐蚀、损坏、黑斑、麻点	优等品	一等品	合格品
腐蚀、损坏、黑斑、麻点	不允许	无较严重腐蚀、损坏黑斑、麻点。面积不大于 $1cm^2$ 的黑斑每米长度内不多于5处	
项 目	优等品	一等品	合格品
双面镀锌量	120	100	80

3. 罩面板材质量要求

罩面板材质量要求见表2—4～表2—9。

表2—4 硅钙板的质量要求

序号	项目		单位	标准要求
1	外观质量与规格尺寸	长 度	mm	±1
		宽 度	mm	±1

续上表

序号	项目		单位	标准要求
1	外观质量与规格尺寸	厚　度	mm	6±0.3
		厚度平均度	%	≤8
		平板边缘平直度	mm/m	≤2
		平板边缘垂直度	mm/m	≤3
		平板表面平整度	mm	≤1
		表面质量	—	平面应平整，不得有缺角、鼓泡和凹陷
2	物理力学	含水率	%	≤10
		密　度	g/cm³	0.90<D≤1.20
		湿胀率	%	≤0.25

表 2—5　纸面石膏板规格尺寸偏差

项　目	长　度(mm)	宽　度(mm)	厚　度(mm)	
			9.5	≥12.0
尺寸偏差	0 −6	0 −5	±0.5	±0.6

注：板面应切成矩形，两对角线长度差应不大于 5 mm。

表 2—6　纸面石膏板断裂荷载值

板材厚度(mm)	断裂荷载(N)	
	纵　向	横　向
9.5	360	140
12.0	500	180
15.0	650	220
18.0	800	270
21.0	950	320
25.0	1 100	370

表 2—7　纸面石膏板单位面积重量值

板材厚度(mm)	单位面积重量(kg/m²)
9.5	9.5
12.0	12.0
15.0	15.0
18.0	18.0
21.0	21.0
25.0	25.0

表 2—8　铝塑复合板规格尺寸允许偏差

项　目	允许偏差值(mm)
长　度	±3
宽　度	±2
厚　度	±0.2
对角线差	≤5
边沿不直度	≤1
翘曲度	≤5

表 2—9　铝塑复合板外观质量

缺陷名称	缺陷规定	允许范围	
		优等品	合格品
波　纹	—	不允许	不明显
鼓　泡	≤10 mm	不允许	不超过 1 个/m²
疵　点	≤3 mm	不超过 3 个/m²	不超过 10 个/m²
划　伤	总长度	不允许	≤100 mm/m²
擦　伤	总面积	不允许	≤300 mm/m²
划伤、擦伤总处数	—	不允许	≤4 处
色　差	色差不明显；若用仪器检测，$\Delta E \leqslant 2$		

【技能要点 3】施工准备

1. 作业条件

在吊顶放线之前，顶棚上部的电气布线、空调管道、消防管道、供水管道、报警线路等均已安装就位并调试完成；自顶棚至墙体各开关和插座的有关线路敷设业已布置就绪；施工机具、材料和脚手架等已经准备完毕；顶棚基层和吊顶空间全部清理无误之后方可开始装饰施工。

2. 基层处理

吊顶基层必须有足够的强度。清除顶棚及周围的障碍物，对灯饰、舞台灯钢架等承重物固定支点，应按设计做好。检查已安装好的通风、消防、电器线路，并检查是否做完打压试验或外层保温、防腐等工作。这些工作完成后，方可进行吊顶安装工作。

3. 放线

放线包括标高线、天花造型位置线、吊挂点定位线、大中型灯具吊点等。标高线弹到墙面或柱面，其他线弹到楼板底面。此时应同时检查处于吊顶上部空间的设备和管线对设计标高的影响；检查其对吊顶艺术造型的影响。如确实妨碍标高和造型的布局定位，应及时向有关部门提出，需按现场实际情况修改设计。

吊顶安装前应做好放线工作，即找好规矩、顶棚四角规方，并且不能出现大小头现象。如发现有较大偏差，要采取相应补救措施。

按设计标高找出顶棚面水平基准点，并采用充有颜色水的塑料细管，根据水平面确定墙壁四周其他若干个顶棚面标高基准点。用墨线打出顶棚与墙壁相交的封闭线。

为了确保龙骨分格的对称性(要和所安装的顶棚面尺寸相一致)，要在顶棚基层面上找出对称十字线，并以此十字线，按吊顶龙骨的分格尺寸打出若干条横竖相交的线，作为固定龙骨挂件的固定点，即埋设膨胀螺栓或采用射钉枪射钉的位置。

第二节　吊顶龙骨安装

【技能要点1】吊顶木龙骨的安装

1. 木龙骨的处理

(1)防腐处理。建筑装饰工程中所用木质龙骨材料，应按规定选材并实施在构造上的防潮处理，同时亦应涂刷防腐防虫药剂。

(2)防火处理。工程中木构件的防火处理，一般是将防火涂料涂刷或喷于木材表面，也可把木材置于防火涂料槽内浸渍。除火涂料据其胶结性质分为油质防火涂料(内掺防火剂)与氯乙烯防火涂料、可赛银(酪素)防火涂料、硅酸盐防火涂料。

2. 龙骨架的拼接

为方便安装，木龙骨吊装前通常是先在地面进行分片拼接。

(1)分片选择。确定吊顶骨架面上需要分片或可以分片安装的位置和尺寸，根据分片的平面尺寸选取龙骨纵横型材(经防腐、防火处理后已晾干)。

(2)拼接。先拼接组合大片的龙骨骨架，再拼接小片的局部骨架。拼接组合的面积不可过大，否则不便吊装。

(3)成品选择。对于截面为 25 mm×30 mm 的木龙骨，可选用市售成品凹方型材；如为确保吊顶质量而采用木方现场制作，必须在木方上按中心线距 300 mm 开凿深 15 mm、宽 25 mm 的凹槽。骨架的拼接即按凹槽对凹槽的方法咬口拼联，拼口处涂胶并用圆钉固定(图 2—1)。传统的木工所用胶料多为蛋白质胶，如皮胶和骨胶；现多采用化学胶，如酚醛树脂胶、尿醛树脂胶和聚酯酸乙烯乳液等，目前在木质材料胶结操作中使用最普遍的是最后两者，因其硬化快(胶结后即可进行加工)，黏结力强，并具耐水和抗菌性能。

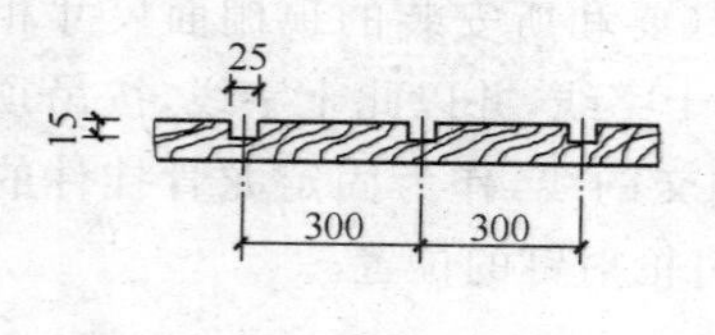

(a)白选长木方开出凹槽

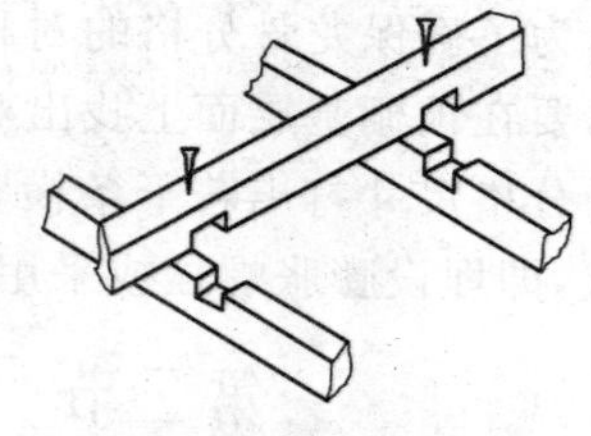

(b)凹槽对凹槽加胶钉固

图 2—1　木龙骨利用槽口拼接示意(单位:mm)

3. 安装吊点紧固件

无预埋的顶棚，可用金属胀铆螺栓或射钉将角钢块固定于楼板底(或梁底)作为安设吊杆的连接件。对于小面积轻型的木龙骨装饰吊顶，也可用胀铆螺栓固定木方（截面约为 40 mm×50 mm），吊顶骨架直接与木方固定或采用木吊杆。

4. 龙骨安装

(1)主龙骨吊点间距、起拱高度应符合设计要求。当设计无要求时，吊点间距应小于 1.2 m，应按房间的短向跨度的 1‰～3‰起拱，主龙骨安装后应及时校正其位置标高。吊杆应通直，距主龙骨端部距离不得超过 300 mm。当吊杆与设备相遇时，应调整吊点构造或增设吊杆；当吊杆长度大于 1.5 m 时，应设置反支撑。根据目前经验宜每 3～4 m^2 设一根，宜采用不小于 30 mm×3 mm 角钢。

(2) 主龙骨调平一般以一个房间为单元。调整方法可用 6 cm×6 cm 方木按主龙骨间距钉圆钉，再将长方木条横放在主龙骨上，并用铁钉卡住各主龙骨，使其按规定间隔定位，临时固定，如图 2—2 所示。方木两端要顶到墙上或梁边，再按十字和对角拉线，拧动吊杆螺栓，升降调平，如图 2—3 所示。

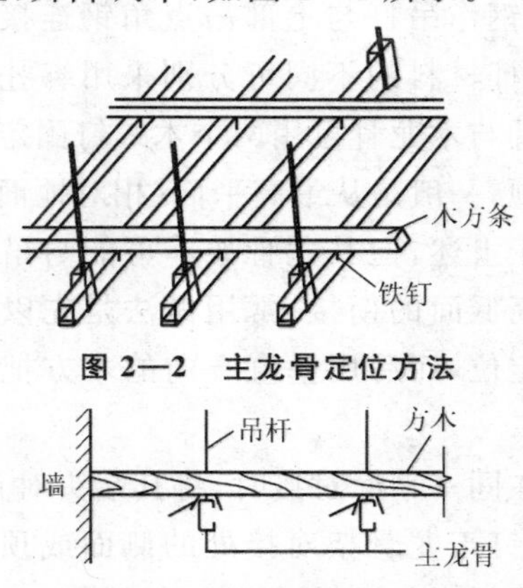

图 2—2　主龙骨定位方法

吊杆　方木　墙　主龙骨

图 2—3　主龙骨固定调平示意图

(3)次龙骨应紧贴主龙骨安装。固定板材的次龙骨间距不得大于 600 mm。在潮湿地区或场所，间距宜为 300～400 mm。用沉头自攻钉安装饰面板时，接缝处次龙骨宽度不得小于 40 mm。中(次)龙骨垂直于主龙骨，在交叉点用中(次)龙骨吊挂件将其固定在主龙骨上，吊挂件上端搭在主龙骨上，挂件 U 形腿用钳子卧入主龙骨内，如图 2—4 所示。

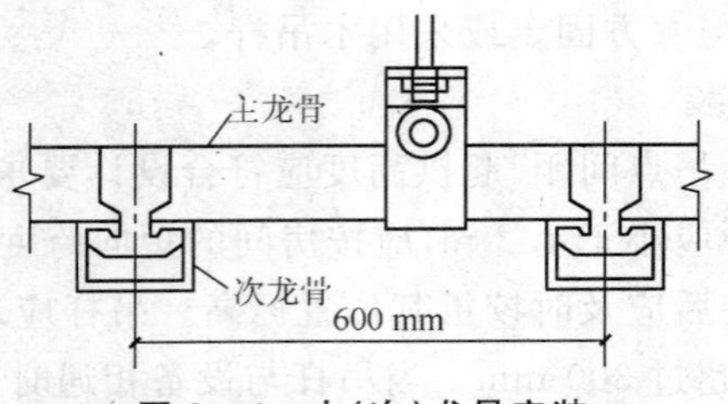

图 2—4 中(次)龙骨安装

(4)暗龙骨系列横撑龙骨应用连接件将其两端连接在通长次龙骨上。通长次龙骨连接处对接错位不得超过 2 mm。明龙骨系列的横撑龙骨与通长龙骨搭接处的间隙不得大于 1 mm。

5. 龙骨架与吊点固定

固定做法有多种，视选用的吊杆及上部吊点构造而定，如以 ϕ6 钢筋吊杆与吊点的预埋钢筋焊接；利用扁铁与吊点角钢以 M6 螺栓连接；利用角钢作吊杆与上部吊点角钢连接等。吊杆与龙骨架的连接，根据吊杆材料的不同可分别采用绑扎、钩挂及钉固等，如扁铁及角钢杆件与木龙骨可用两个木螺钉固定。

对于叠级吊顶，一般是从最高平面(相对地面)开始吊装，吊装与调平的方法同于上述，但其龙骨架不可能与吊顶标高线上的沿墙龙骨连接。其高低面的衔接，常用做法是先以一条木方斜向将上下平面龙骨架定位，而后用垂直方向的木方把上下两平面的龙骨架固定连接。

分片龙骨架在同一平面对接时，将其端头对正，而后用短木方进行加固，将木方钉于龙骨架对接处的侧面或顶面均可。对一些重要部位的龙骨接长，须采用铁件进行连接紧固。

6. 龙骨的整体调平

木骨架按图纸要求全部安装到位之后，即在吊顶面下拉出十字或对角交叉的标高线，检查吊顶骨架的整体平整度。对于骨架底平面出现有下凸的部分，要重新拉紧吊杆；对于有上凹现象的部位，可用木方杆件顶撑，尺寸准确后将木方两端固定。各个吊杆的下部端头均按准确尺寸截平，不得伸出骨架的底部平面。

【技能要点2】轻钢龙骨的安装

1. 弹线

用水准仪在房间内每个墙(柱)角上抄出水平点(若墙体较长，中间也应适当抄几个点)，弹出水准线(水准线距地面一般为500 mm)，从水准线量至吊顶设计高度为12 mm(一层石膏板的厚度)，用粉线沿墙(柱)弹出水准线，即为吊顶次龙骨的下皮线。同时，按吊顶平面图，在混凝土顶板弹出主龙骨的位置。主龙骨应从吊顶中心向两边分，最大间距为1 000 mm，并标出吊杆的固定点，吊杆的固定点间距900～1 000 mm，如遇到梁和管道固定点大于设计和规程要求，应增加吊杆的固定点。

吊顶平面图的识图

(1)根据顶棚造型特点，确定顶棚构造、灯具等各相关部位的尺寸。

(2)各种顺顶材料的规格、色彩要求。

(3)对照剖面图、详图及其他有关视图，了解顶棚细部结构。

2. 固定吊挂杆件

采用膨胀螺栓固定吊挂杆件。不上人的吊顶，吊杆长度小于1 000 mm，可以采用ϕ6的吊杆，如果大于1 000 mm，应采用ϕ8的吊杆，还应设置反向支撑。吊杆可以采用冷拔钢筋和盘圆钢筋，但采用盘圆钢筋应采用机械将其拉直。上人的吊顶，吊杆长度等于1 000 mm，可以采用ϕ8的吊杆，如果大于1 000 mm，应采用ϕ10的吊杆，吊杆的一端同L 30×30×3角码焊接(角码的孔径应根据吊杆和膨胀螺栓的直径确定)，另一端可以用攻丝套出大于100 mm的丝杆，也可以买成品丝杆焊接。制作好的吊杆应做防锈处理，吊杆用膨胀螺栓固定在楼板上，用冲击电钻打孔，孔径应稍大于膨胀螺栓的直径。

3. 固定吊顶边部骨架材料

吊顶边部的支承骨架应按设计的要求加以固定。

对于无附加荷载的轻便吊顶，如L形轻钢龙骨或角铝型材等，较常用的设置方法是用水泥钉按400～600 mm的钉距与墙、柱面固定。应注意建筑基体的材质情况，对于有附加荷载的吊顶，或是有一定承重要求的吊顶边部构造，有的需按900～1 000 mm的间距预埋防腐木砖，将吊顶边部支承材料与木砖固定。无论采用何种做法，吊顶边部支承材料底面均应与吊顶标高基准线一平（罩面板钉装时应减去板材厚度）且必须牢固可靠。

4. 安装主龙骨

（1）主龙骨应吊挂在吊杆上，主龙骨间距900～1 000 mm，主龙骨分为不上人UC38小龙骨，上人UC60大龙骨两种。主龙骨宜平行房间长向安装，同时应起拱，起拱高度为房间跨度的1/200～1/300。主龙骨的悬臂段不应大于300 mm，否则应增加吊杆。主龙骨的接长应采取对接，相邻龙骨的对接接头要相互错开。主龙骨挂好后应基本调平。

（2）跨度大于15 m以上的吊顶，应在主龙骨上，每隔15 m加一道大龙骨，并垂直主龙骨焊接牢固。

（3）如有大的造型顶棚，造型部分应用角钢或扁钢焊接成框架，并应与楼板连接牢固。

（4）吊顶如设检修走道，应另设附加吊挂系统，用10 mm的吊杆与长度为1 200 mm的∟15×5角钢横担用螺栓连接，横担间距为1 800～2 000 mm，在横担上铺设走道，可以用6号槽钢两根间距600 mm，之间用10 mm的钢筋焊接，钢筋的间距为@100，将槽钢与横担角钢焊接牢固，在走道的一侧设有栏杆，高度为900 mm。可以用∟50×4的角钢做立柱，焊接在走道槽钢上，之间用30×4的扁钢连接。

（5）顶棚板的分隔应在房间中部，做到对称，轻钢龙骨和板的排列可从房间中部向两边依次安装，使顶棚布置美观整齐。轻钢龙骨安装示意，如图2—5所示。

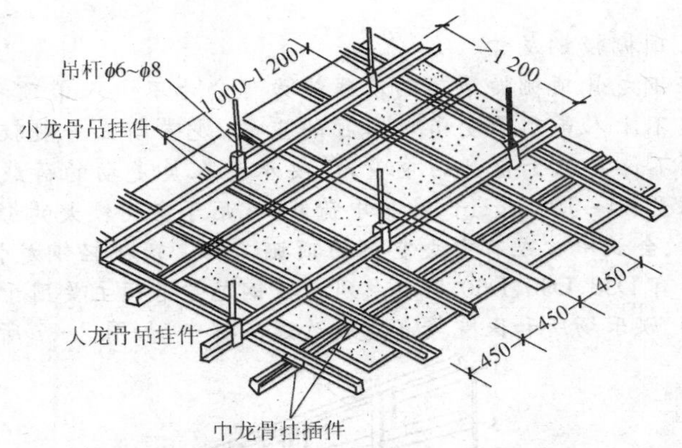

图 2—5　轻钢龙骨安装示意图(单位:mm)

轻钢龙骨介绍

1. 轻钢龙骨的特点和种类

轻钢龙骨具有自重轻、防火性能优良、抗震及冲击性能好、安全可靠以及施工效率高等特点,已普遍用于建筑内的装饰,大面积顶棚、隔墙的室内装饰,现代化厂房的室内装饰,防火要求较高的娱乐场所和办公楼的室内装饰。

轻钢龙骨按其产品类型可分为C形龙骨、U形龙骨和T形龙骨。C形龙骨主要用来做隔墙,即在C形龙骨组成骨架后,两面再装配面板组成隔断墙;U形和T形龙骨主要用来做吊顶,即在U形和T形龙骨组成的骨架下,装配面板组成明架或暗架顶棚。

2. 隔墙轻钢龙骨

隔墙轻钢龙骨主要有Q50、Q75、Q100、Q150系列,Q75系列以下用于层高3.5 m以下的隔墙,Q75系列以上用于层高3.5~6.0 m的隔墙。

隔墙轻钢龙骨主件有沿顶、扫地龙骨、竖向龙骨、加强龙骨、通贯龙骨,配件有支撑卡、卡托、角托等。

隔墙轻钢龙骨主要适用于办公楼、饭店、医院、娱乐场所、影剧院的分隔墙和走廊隔墙,如图2—6所示。

3. 顶棚轻钢龙骨

轻钢龙骨顶棚按吊顶的承载能力可分为不上人吊顶和上人吊顶。不上人吊顶承受吊顶本身的重量，龙骨断面一般较小；上人吊顶不仅要承受自身的重量，还要承受人员走动的荷载，一般可以承受 80～100 kg/m² 的集中荷载，常用于空间较大的影剧院、音乐厅、会议中心或有中央空调的顶棚工程。顶棚轻钢龙骨的主要规格有 D38、D50、D60 几个系列。轻钢龙骨吊顶主要用于饭店、办公楼、娱乐场所和医院等新建或改建工程中，如图 2—7 所示。

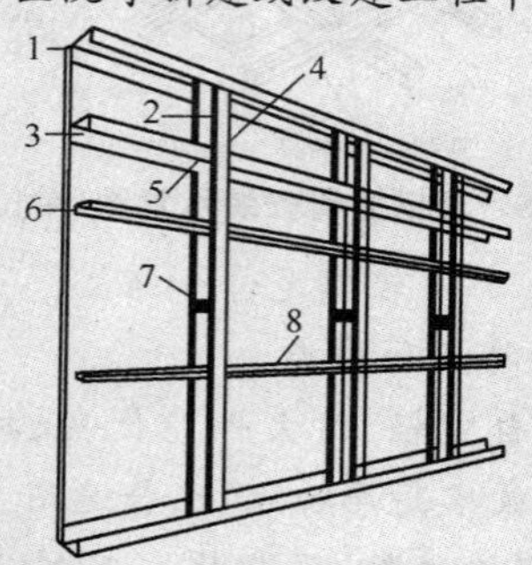

图 2—6　隔墙龙骨示意图

1—横龙骨；2—竖龙骨；3—通称龙骨；4—角托；5—卡托；6—通惯龙骨；7—支撑卡；8—通贯龙骨连接件

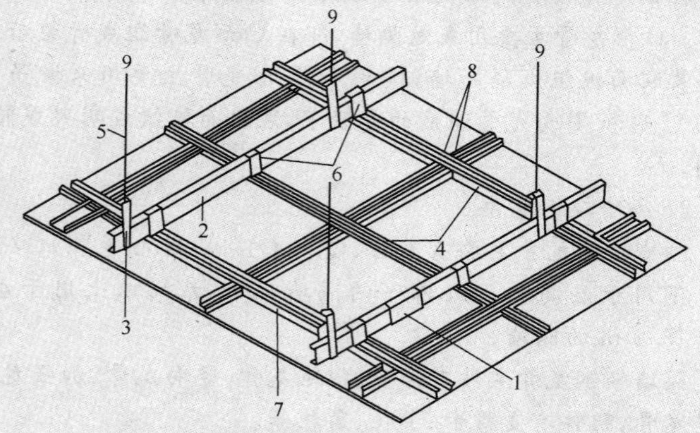

图 2—7　吊顶龙骨示意图

1—承载龙骨连接件；2—承载龙骨；3—吊件；4—覆面龙骨；5—吊杆；6—挂件；7—覆面龙骨；8—挂插件；9—挂插件

4. 烤漆龙骨

烤漆龙骨是最近几年发展起来的一个龙骨新品种，其产品新颖、颜色鲜艳、规格多样、强度较高、价格适宜，因此在室内顶棚装饰工程中被广泛采用。其中镀锌烤漆龙骨是与矿棉吸声板、钙维板等顶棚材料相搭配的新型龙骨材料。龙骨结构组织紧密、牢固、稳定，具有防锈不变色和装饰效果好等优良性能。龙骨条的外露表面经过烤漆处理，可与顶棚板材的颜色相匹配。

烤漆龙骨与饰面板的顶棚尺寸固定（600 mm×600 mm，600 mm×1 200 mm），可以与灯具有效地结合，产生装饰的整体效果，同时拼装面板可以任意拆装，因此施工容易，维修方便，特别适用于大面积的顶棚装修（如工业厂房、医院、商场等），达到整洁、明亮、简洁的效果。烤漆龙骨有A系列、O系列和凹槽型3种规格，各系列又分主龙骨、副龙骨和边龙骨3种。

5. 龙骨调平

主龙骨安装就位后，以一个房间为单位进行调平。调平方法可采用木方按主龙骨间距钉圆钉，将龙骨卡住先做临时固定，按房间的十字和对角拉线，根据拉线进行龙骨的调平调直。根据吊件品种，拧动螺母或是通过弹簧钢片，或是调整钢丝，准确后再行固定。为使主龙骨保持稳定，使用镀锌钢丝作吊杆者宜采取临时支撑措施，可设置木方上端顶住顶棚基体底面，下端顶稳主龙骨，待安装吊顶板前再行拆除。

施工顶棚轻钢龙骨时，不能一开始将所有卡夹件都夹紧，以免校正主龙骨时，左右一敲，夹子松动，且不易再夹紧，影响牢固。正确的方法是：安装时先将次龙骨临时固定在主龙骨上，每根次龙骨用两只卡夹固定，校正主龙骨平正后再将所有的卡夹一次全部夹紧，顶棚骨架就不会松动，减少变形。在观众厅、礼堂、展厅、餐厅等大面积房间的场合采用轻钢龙骨吊顶时，需每隔12 m在大龙骨上部焊接横卧大龙骨一道，以加强大龙骨侧向稳定性及吊顶整体性。

轻钢大龙骨可以焊接，但宜点焊，防止焊穿或杆件变形。轻钢

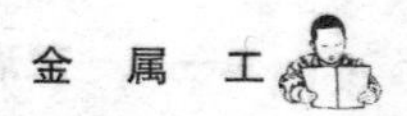

次龙骨太薄不能焊接。

6. 安装次龙骨

对于双层构造的吊顶骨架，次龙骨紧贴承载主龙骨安装，通长布置，利用配套的挂件与主龙骨连接，在吊顶平面上与主龙骨相垂直，它可以是中龙骨，有时则根据罩面板的需要再增加小龙骨，它们都是覆面龙骨。次龙骨(中龙骨及小龙骨)的中距由设计确定，并因吊顶装饰板采用封闭式安装或是离缝及密缝安装等不同的尺寸关系而异。对于主、次龙骨的安装程序，由于其主龙骨在上，次龙骨在下，所以一般的做法是先用吊件安装主龙骨，然后再以挂件在主龙骨下吊挂次龙骨。挂件(或称吊挂件)上端钩住主龙骨，下端挂住次龙骨即将二者连接。

对于单层吊顶骨架，其次龙骨即是横撑龙骨。主龙骨与次龙骨处于同一水平面，主龙骨通长设置，横撑(次)龙骨按主龙骨间距分段截取，与主龙骨丁字连接。主、次龙骨的连接方式取决于龙骨类型。对待不同龙骨类型，可根据工程实际需要确定。

【技能要点3】铝合金龙骨吊顶

1. 弹线定位

根据设计图纸，结合具体情况，将龙骨及吊点位置弹到楼板底面上。如果吊顶设计要求具有一定造型或图案，应先弹出吊顶对称轴线，龙骨及吊点位置应对称布置。龙骨和吊杆的间距、主龙骨的间距是影响吊顶高度的重要因素。不同的龙骨断面及吊点间距，都有可能影响主龙骨之间的距离。各种吊顶、龙骨间距和吊杆间距一般都控制在1.0～1.2 m以内。弹线应清晰，位置准确。

铝合金板吊顶，如果是将板条卡在龙骨之上，龙骨应与板成垂直；如用螺钉固定，则要视板条的形状，以及设计上的要求而具体掌握。

2. 确定吊顶标高

将设计标高线弹到四周墙面或柱面上；如果吊顶有不同标高，那么应将变截面的位置弹到楼板上。然后，再将角铝或其他封口材料固定在墙面或柱面，封口材料的底面与标高线重合，角铝常用的规格为 25 mm×25 mm，铝合金板吊顶的角铝应同板的色彩一致。角铝多用高强水泥钉固定，亦可用射钉固定。

3. 吊杆或镀锌钢丝的固定

与结构一端的固定，常用的办法是用射钉枪（亦称石屎枪）将吊杆或镀锌钢丝固定。可以选用尾部带孔或不带孔的两种射钉规格。

如果用角钢一类材料做吊杆，则龙骨也大部分采用普通型钢，应用冲击钻固定胀管螺栓，然后将吊杆焊在螺栓上。吊杆与龙骨的固定，可以采用焊接或钻孔用螺栓固定。

4. 龙骨安装与调平

(1)安装时，根据已确定的主龙骨（大龙骨）位置及确定的标高线，先大致将其基本就位。次龙骨（中、小龙骨）应紧贴主龙骨安装就位。

(2)龙骨就位后，然后再满拉纵横控制标高线（十字中心线），从一端开始，一边安装，一边调整，最后再精调一遍，直到龙骨调平和调直为止。如果面积较大，在中间还应考虑水平线适当起拱。调平时应注意一定要从一端调向另一端，要做到纵横平直。

特别对于铝合金吊顶，龙骨的调平调直是施工工序比较麻烦的一道，龙骨是否调平，也是板条吊顶质量控制的关键。因为只有龙骨调平，才能使板条饰面达到理想的装饰效果，否则，波浪式的吊顶表面，宏观看上去很不顺眼。

(3)边龙骨宜沿墙面或柱面标高线钉牢。固定时，一般常用高强水泥钉，钉的间距不宜大于 50 cm。如果基层材料强度较低，紧固力不好，应采取相应的措施，改用胀管螺栓或加大钉的长度等办法。边龙骨一般不承重，只起封口作用。

(4)一般选用连接件接长。连接件可用铝合金，亦可用镀锌钢板，在其表面冲成倒刺，与主龙骨方孔相连。全面校正主、次龙骨的位置及水平度，连接件应错位安装。

铝合金龙骨简介

1. 铝合金龙骨的种类

铝合金龙骨材料是装饰工程中用量最大的一种龙骨材料，它是以铝合金材料加工成型的型材。其不仅具有质量轻、强度高、耐腐蚀、刚度大、易加工、装饰好等优良性能，而且具有配件齐全、产品系列化、设置灵活、拆卸方便、施工效率高等优点。

铝合金龙骨按断面形式不同，可分为T形铝合金龙骨、槽形铝合金龙骨、LT形铝合金龙骨和圆形与T形结合的管形铝合金龙骨。装饰工程上常用的是T形铝合金龙骨，尤其是利用T形龙骨的表面光滑明净、美观大方，广泛应用龙骨底面外露或半露的活动式装配吊顶。

铝合金龙骨同轻钢龙骨一样，也有主龙骨和次龙骨，但其配件相对于轻钢龙骨较少。因此，铝合金龙骨也可常常与轻钢龙骨配合使用，即主龙骨采用轻钢龙骨，次龙骨和边龙骨采用铝合金龙骨。

按使用的部位不同，在装饰工程中常用的铝合金龙骨有铝合金吊顶龙骨、铝合金隔墙龙骨等。

2. 吊顶龙骨与隔墙龙骨

(1)铝合金吊顶龙骨。

采用铝合金材料制作的吊顶龙骨，具有质轻、高强、不锈、美观、抗震、安装方便、效率较高等优良特点，主要适用于室内吊顶装饰。铝合金吊顶龙骨的形状，一般多为T形，可与板材组成450 mm×450 mm、500 mm×500 mm、600 mm×600 mm的方格，其不需要大幅面的吊顶板材，可灵活选用小规格吊顶材料。铝合金材料经过电氧化处理，光亮、不锈，色调柔和，非常美观大方。

(2)铝合金隔墙龙骨。

铝合金隔墙是用大方管、扁管、等边槽、连接角等4种铝合金型材做成墙体框架，用较厚的玻璃或其他材料做成墙体饰面的一种隔墙方式。

铝合金隔墙的特点是:空间透视很好,制作比较简单,墙体结实牢固,占据空间较小。它主要适用于办公室的分隔、厂房的分隔和其他大空间的分隔。

5. 顶棚板安装

顶棚板安装时,要使板材的几何尺寸能适应铝合金龙骨吊顶所承受的荷载能力。如格构尺寸为600 mm×900 mm、600 mm×1 200 mm时,就不能安装石膏板,而只能安装矿棉板。顶棚板的安装方式,如图2—8所示。

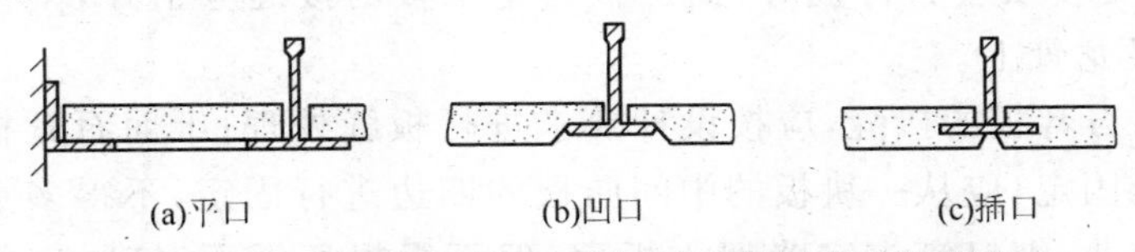

图2—8 铝合金龙骨(T形龙骨)顶棚板安装示意图

第三节 吊顶板材罩面

【技能要点1】一般规定

(1)安装饰面板前应完成吊顶内管道和设备的调试和验收。

(2)饰面板安装应确保企口的相互交接及图案花纹的吻合。

(3)饰面板与龙骨嵌装时应防止挤压过紧或脱挂。

(4)饰面材料与龙骨的搭接宽度应大于龙骨受力面宽度的2/3。

(5)采用搁置法安装时应留有板材安装缝,每边缝隙不宜大于1 mm。

(6)玻璃吊顶龙骨上留置的玻璃搭接宽度应符合设计要求,并应采用软连接。

(7)装饰吸声板如采用搁置法安装,应设置压卡装置。

(8)安装矿棉吸声板时,操作工人应配戴干净手套,防止汗渍等污染板面。

【技能要点 2】纸面石膏板安装

饰面板应在自由状态下固定，防止出现弯裱、凸鼓的现象；还应在棚顶四周封闭的情况下安装固定，防止板面受潮变形。纸面石膏板的长边（既包封边）应沿纵向次龙骨铺设；自攻螺钉与纸面石膏板边的距离，用面纸包封的板边以 10～15 mm 为宜，切割的板边以 15～20 mm 为宜；固定次龙骨的间距，一般不应大于600 mm，在南方潮湿地区，间距应适当减小，以 300 mm为宜；钉距以 150～170 mm 为宜，螺钉应于板面垂直，已弯曲、变形的螺钉应剔除，并在相隔 50 mm 的部位另安螺丝；安装双层石膏板时，面层板与基层板的接缝应错开，不得在一根龙骨上。

石膏板的接缝，应按设计要求进行板缝处理；纸面石膏板与龙骨固定，应从一块板的中间向板的四边进行固定，不得多点同时作业；螺钉钉头宜略埋入板面，但不得损坏纸面，钉眼应作防锈处理并用石膏腻子抹平；拌制石膏腻子时，必须用清洁水和清洁容器。

【技能要点 3】纤维水泥加压板（埃特板）安装

龙骨间距、螺钉与板边的距离，及螺钉间距等应满足设计要求和有关产品的要求。

纤维水泥加压板与龙骨固定时，所用手电钻钻头的直径应比选用螺钉直径小 0.5～1.0 mm；固定后，钉帽应作防锈处理，并用油性腻子嵌平。

用密封膏、石膏腻子或掺界面剂胶的水泥砂浆嵌涂板缝并刮平，硬化后用砂纸磨光，板缝宽度应小于 50 mm；板材的开孔和切割，应按产品的有关要求进行。

【技能要点 4】防潮板

（1）饰面板应在自由状态下固定，防止出现弯裱、凸鼓的现象。

（2）防潮板的长边（既包封边）应沿纵向次龙骨铺设。

（3）自攻螺丝与防潮板板边的距离，以 10～15 mm 为宜，切割的板边以 15～20 mm 为宜。

(4)固定次龙骨的间距，一般不应大于 600 mm，在南方潮湿地区，钉距以 150～170 mm 为宜，螺丝应于板面垂直，已弯曲、变形的螺丝应剔除。

(5)面层板接缝应错开，不得在一根龙骨上。

(6)防潮板的接缝处理同石膏板。

(7)防潮板与龙骨固定时，应从一块板的中间向板的四边进行固定，不得多点同时作业。

(8)螺钉钉头宜略埋入板面，钉眼应作防锈处理并用石膏腻子抹平。

【技能要点 5】金属扣板

吊挂顶棚罩面板常用的板材有条形金属扣板，规格一般为 100 mm、150 mm、200 mm 等；还有设计要求的各种特定异形的条形金属扣板。方形金属扣板，规格一般为 300 mm×300 mm、600 mm×600 mm 等吸声和不吸声的方形金属扣板；还有面板是固定的单铝板或铝塑板。

1. 铝塑板安装

铝塑板采用单面铝塑板，根据设计要求，裁成需要的形状，用胶贴在事先封好的底板上，可以根据设计要求留出适当的胶缝。

胶黏剂粘贴时，涂胶应均匀；粘贴时，应采用临时固定措施，并应及时擦去挤出的胶液；在打封闭胶时，应先用美纹纸带将饰面板保护好，待胶打好后，撕去美纹纸带，清理板面。

2. 单铝板或铝塑板安装

将板材加工折边，在折边上加上铝角，再将板材用拉铆钉固定在龙骨上，可以根据设计要求留出适当的胶缝，在胶缝中填充泡沫胶棒，在打封闭胶时，应先用美纹纸带将饰面板保护好，待胶打好后，撕去美纹纸带，清理板面。

铆钉简介

(1)开口型抽芯铆钉。开口型抽芯铆钉是一种单面铆接的新型紧固件。各种不同材质的铆钉,能适应不同强度的铆接,广泛适用于各个紧固领域。开口型抽芯铆钉具有操作方便、效率较高、噪声较低等优点。

(2)封闭型抽芯铆钉。封闭型抽芯铆钉也是一种单面铆接的新型紧固件。不同材质的铆钉,适用于不同场合的铆接,广泛用于客车、航空、机械制造、建筑工程等。

(3)双鼓型抽芯铆钉。双鼓型抽芯铆钉是一种盲面铆接的新型紧固件。这种铆钉具有对薄壁构件进行铆接不松动、不变形等优良特点,铆接完毕后两端均呈鼓形,由此称为双鼓型抽芯铆钉,广泛应用于各种铆接领域。

(4)沟槽型抽芯铆钉。沟槽型抽芯铆钉也是一种盲面铆接的新型紧固件,适用于硬质纤维、胶合板、玻璃纤维、塑料、石棉板、木材等非金属构件的铆接。它与其他铆钉的区别在于表面带槽形,在盲孔内膨胀后,沟槽嵌入被铆构件的孔壁内,从而起到铆接作用。

(5)环槽铆钉。环槽铆钉为一种新型的紧固件,采用优质碳素结构钢制成,机械强度高,其最大的特点是抗震性好,能广泛用于各种车辆、船舶、航空、电子工业、建筑工程、机械制造等紧固领域。铆接时必须采用专用拉铆工具,先将铆钉放入钻好孔的工件内,套上套杆,铆钉尾部插入拉铆枪内,枪头顶住套环,在力的作用下,套环逐渐变形,直至钉子尾部在槽口断裂,拉铆工序完成。这种铆钉操作方便、生产效率高、噪声较低、铆接牢固。

(6)击芯铆钉。击芯铆钉是一种单面铆接的紧固件,广泛用于各种客车、航空、船舶、机械制造、电讯器材、铁木家具等紧固领域。铆接时,将铆钉放入钻好的工件内,用手锤敲击钉芯至帽檐端面,钉芯敲入后,铆钉的另一端即刻朝外翻成四瓣,将工件紧固。操作简单、效率较高、噪声较低。

3. 金属(条、方)扣板安装

条板式吊顶龙骨一般可直接吊挂,也可以增加主龙骨,主龙骨间距不大于 1 000 mm,条板式吊顶龙骨形式与条板配套。方板吊顶次龙骨分明装 T 形和暗装卡口两种,可根据金属方板式样选定;次龙骨与主龙骨间用固定件连接。金属板吊顶与四周墙面所留空隙,用金属压条与吊顶找齐,金属压缝条的材质宜与金属板面相词。饰面板上的灯具、烟感器、喷淋头、风口篦子等设备的位置应合理、美观,与饰面的交接应吻合、严密,并做好检修口的预留,使用材料宜与母体相同,安装时应严格控制整体性,刚度和承载力。

第四节　吊顶施工细部做法

【技能要点 1】吊顶的平整性控制

控制吊顶大面平整,应从标高线水平度、吊点分布固定、龙骨与龙骨架刚度着手。

(1)基准点和标高尺寸要准确。用水柱法,如图 2—9 所示。找其他标高点时,要等管内水柱面静止时再画线。

(2)吊顶面的水平控制线应尽量拉出通直线,线要拉直,最好采用尼龙线。

(3)对跨度较大的吊顶,应在中间位置加设标高控制点。

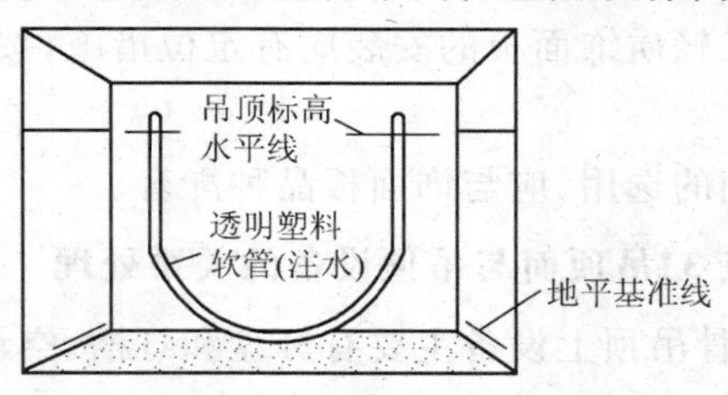

图 2—9　水平标高线的测定示意图

(4)吊点分布要均匀。在一些龙骨的接口部位和重载部位,应当增加吊点。吊点不牢将引起吊顶局部下沉,产生这种情况的原因如下。

1)吊点与建筑主体固定不牢,例如膨胀螺栓埋入深度不够,而产生松动或脱落;射钉的松动,虚焊脱落等。

2)吊杆连接不牢,产生松脱。

3)吊杆的强度不够,产生拉伸变形现象。

(5)注意龙骨与龙骨架的强度与刚度。龙骨的接头处、吊挂处都是受力的集中点,施工中应注意加固。应避免在龙骨上悬吊设备。

(6)安装铝合金饰面板的方法不妥,也易使吊顶不平,严重时还会产生波浪形状。安装时不可生硬用力,并一边安装一边检查平整度。

【技能要点 2】吊顶的线条走向规整控制

吊顶线条是指条板和条板间对缝、铝合金龙骨条以及其他线条形装饰。吊顶线条的不规格会破坏吊顶的装饰效果。控制方法应从材料选用及校正、设置平整控制线、安装固定着手。

(1)安装固定饰面条板要注意对缝的均匀,安装时不可生扳硬装,应根据条板的结构特点进行。如装不上时,要查看一下安装位置处有否阻挡物体或设备结构,并进行调整。

(2)吊顶内填充的吸声、保温材料的品种和铺设厚度应符合要求,并应有防散落措施。

(3)吊顶与墙面、窗帘盒的交接应符合设计要求。

(4)搁置式轻质饰面板的安装应有定位措施,按设计要求设置压卡装置。

(5)胶黏剂的选用,应与饰面板品种配套。

【技能要点 3】吊顶面与吊顶设备的关系处理

铝合金龙骨吊顶上设备主要有灯盘和灯槽、空调出风口、消防烟雾报警器和喷淋头等。这些设备与顶面的关系要处理得当,总的要求是不破坏吊顶结构,不破坏顶面的完整性,与吊顶面衔接平整,交接处应严密。

1. 灯盘、灯槽与吊顶的关系

灯盘和灯槽除了具有本身的照明功能之外，也是吊顶装饰中的组成部分。所以，灯盘和灯槽安装时一定要从吊顶平面的整体性来着手。

2. 空调风口篦子与吊顶的关系

空调风口篦子与吊顶的安装方式有水平、竖直两种。由于篦子一般是成品，与吊顶面颜色往往不同，如装得不平会很显眼，所以应注意与吊顶面的衔接吻合。

3. 自动喷淋头、烟感器与吊顶的关系

自动喷淋头、烟感器是消防设备，但必须安装在吊顶平面上。自动喷淋头须通过吊顶平面与自动喷淋系统的水管相接，如图2—10(a)所示。在安装中常出现的问题有三种，一是木管伸出吊顶面；二是水管预留短了，自动喷淋头不能在吊顶面与水管连接，如图2—10(b)所示。三是喷淋头边上有遮挡物，如图2—10(c)所示。原因是在拉吊顶标高线时未检查消防设备安尺寸而造成的。

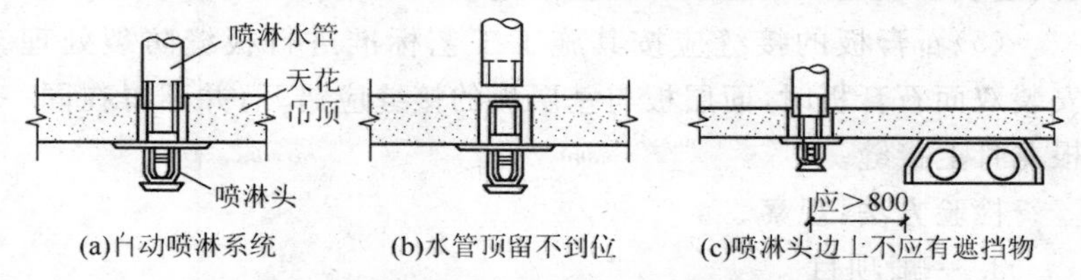

图2—10　自动喷淋头、烟感器与吊顶常出现的问题

第五节　质量标准

【技能要点1】暗龙骨吊顶工程质量标准

1. 一般规定

同一品种的吊顶工程每50间(大面积房间和走廊按吊顶面积30 m^{2}为1间)应划分为一批，不足50间也应划分为一个检验批。

检查数量应符合下列规定：每个检验批应至少抽查10%，并不得少于3间，不足3间时应全数检查。

2. 主控项目

(1)吊顶标高、尺寸、起拱和造型应符合设计要求。

检验方法:观察;尺量检查。

(2)饰面材料的材质、品种、规格、图案和颜色应符合设计要求。

检验方法:观察;检查产品合格证书、性能检测报告、进场验收记录和复验报告。

(3)暗龙骨吊顶工程的吊杆、龙骨和饰面材料的安装必须牢固。

检验方法:观察;手扳检查;检查隐蔽工程验收记录和施工记录。

(4)吊杆、龙骨的材质、规格、安装间距及连接方式应符合设计要求。金属吊杆、龙骨应经过表面防腐处理;木吊杆、龙骨应进行防腐、防火处理。

检验方法:观察;尺量检查;检查产品合格证书、性能检测报告、进场验收记录和隐蔽工程验收记录。

(5)石膏板的接缝应按其施工工艺标准进行板缝防裂处理。安装双面石膏板时,面层板与基层板的接缝应错开,并不得在同一根龙骨上接缝。

检验方法:观察。

3. 一般项目

(1)饰面材料表面应洁净、色泽一致,不得翘曲、裂缝及缺损。压条应平直、宽窄一致。

检验方法:观察;尺量检查。

(2)饰面板上的灯具、烟感器、喷淋头、风口篦子等设备的位置合理、美观,与饰面板的交接应吻合、严密。

检验方法:观察。

(3)金属吊杆、龙骨的接缝应均匀一致,角缝应吻合,表面应平整,无翘曲、锤印。木质吊杆、龙骨应顺直,无劈裂、变形。

检验方法:检查隐蔽工程验收记录和施工记录。

(4)吊顶内填充吸声材料的品种和铺设厚度应符合设计要求,并应有防散落措施。

检验方法：检查隐蔽工程验收记录和施工记录。

(5)暗龙骨吊顶工程安装允许偏差和检验方法应符合表2—10的规定。

表2—10　暗龙骨吊顶安装允许偏差和检验方法

项次	项目	允许偏差(mm)				检验方法
		纸面石膏板	金属板	矿棉板	木板、塑料板、格栅	
1	接缝直线度	3	2	2	2	用2m靠尺和塞尺检查
2	表面平整度	3	1.5	3	3	拉5m线，不足5m拉通线
3	接缝高低差	1	1	1.5	1	用钢直尺和塞尺检查

【技能要点2】明龙骨吊顶工程质量标准

1. 主控项目

(1)吊顶标高、尺寸、起拱和造型应符合设计要求。

检验方法：观察；尺量检查。

(2)饰面材料的材质、品种、规格、图案和颜色应符合设计要求。当饰面材料为玻璃板时，应使用安全玻璃或采用可靠的安全措施。

检验方法：观察；检查产品合格证书、性能检测报告和进场验收记录。

(3)饰面材料的安装应稳固严密。饰面材料与龙骨的搭接宽度应大于龙骨受力面宽度的2/3。

检验方法：观察；手板检查；尺量检查。

(4)吊杆、龙骨的材质、规格、安装间距及连接方式应符合设计要求。金属吊杆、龙骨应进行表面防腐处理；木龙骨应进行防腐、防火处理。

检验方法：观察；尺量检查；检查产品合格证书、进场验收记录和隐蔽工程验收记录。

(5)明龙骨吊顶工程的吊杆和龙骨安装必须牢固。

检验方法:手板检查;检查隐蔽工程验收记录和施工记录。

2. 一般项目

(1)饰面材料表面应洁净、色泽一致,不得有翘曲、裂缝及缺损。饰面板与明龙骨的搭接应平整、吻合,压条应平直、宽窄一致。

检验方法:观察;尺量检查。

(2)饰面板上的灯具、烟感器、喷淋头、风口篦子等设备的位置合理、美观,与饰面板的交接应吻合、严密。

检验方法:观察。

(3)金属龙骨的接缝应平整、吻合、颜色一致,不得有划伤、擦伤等表面缺陷。木质龙骨应平整、顺直,无劈裂。

检验方法:观察。

(4)吊顶内填充吸声材料的品种和铺设厚度应符合设计要求,并应有防散落措施。

检验方法:检查隐蔽工程验收记录和施工记录。

(5)明龙骨吊顶工程安装允许偏差和检验方法应符合表2—11的规定。

表2—11　明龙骨吊顶安装允许偏差和检验方法

项次	项目	允许偏差(mm)				检验方法
		石膏板	金属板	矿棉板	塑料板 玻璃板	
1	表面平整度	3	2	3	2	用2 m靠尺和塞尺检查
2	接缝直线度	3	2	3	3	拉5 m线,不足5 m拉通线,用钢直尺检查
3	接缝高低差	1	1	2	1	用钢直尺和塞尺检查

第三章　轻质隔墙工程施工技术

第一节　板材隔墙

【技能要点1】钢丝网架水泥夹心板轻质隔墙

1. 材料要求

(1)钢丝网架水泥夹心板(GJ板)的规格见表3—1。

表3—1　GJ板的规格

名称	公称长度(m)	实际尺寸(mm)						聚苯乙烯泡沫塑料内芯厚(mm)
		长		宽		厚		
		T、TZ	S	T、TZ	S	T、TZ	S	
短板	2.2	2 140	2 150	1 220	1 200	76	70	50
标准板	2.5	2 440	2 450	1 220	1 200	76	70	50
长板	2.8	2 750	2 750	1 220	1 200	76	70	50
加长板	3.0	2 950	2 950	1 220	1 200	76	70	50

注:1. 其他规格可根据用户要求协商确定。

2. "T、TZ、S"为GJ板的3种类型。

(2)镀锌低碳钢丝,其性能指标见表3—2。

表3—2　镀锌低碳钢丝的性能指标

直径(mm)	抗拉强度(N/mm^2)		冷弯试验反复弯曲180°(次)	镀锌层质量(g/m^2)
	A	B		
2.03±0.05	590～740	590～850	≥6	≥20

(3)低碳钢丝,其性能指标见表3—3。

表3—3　低碳钢丝的性能指标

直径(mm)	抗拉强度(N/mm^2)	冷弯试验反复弯曲180°(次)	用途
2.0±0.05	≥550	≥6	用于网片
2.2±0.05	≥550	≥6	用于腹丝

注:其余性能应符合《一般用途低碳钢丝》(YB/T 5294－2009)的要求。

(4)聚苯乙烯泡沫塑料：表面密度 15 kg/m³ ± 1 kg/m³；阻燃型(ZR 型)，氧指数≥30，其余应符合《绝热用模塑聚苯乙烯泡沫塑料》(GB/T 10801.1—2002)的规定。

(5)钢丝网架夹心板(GJ 板)的技术要求如下：

1)GJ 板每平方米面积的重量应不大于 4 kg。

2)GJ 板的表面和外观质量应符合表 3—4 的规定。

表 3—4　GJ 板的表面和外观质量

项次	项目	质量要求
1	外观	表面清洁，不应有明显油污
2	钢丝锈点	焊点区以外不允许
3	焊点强度	抗拉力≥330 N，无过烧现象
4	焊点质量	之字条、腹丝与网片钢丝不允许漏焊、脱焊；网片漏焊、脱焊点不超过焊点数的 8%，且不应集中在一处，连续脱焊不应多于 2 点，板端 200 mm 区段内的焊点不允许脱焊、虚焊
5	钢丝挑头	板边挑头允许长度≤ 6 mm，插丝挑头≤ 5 mm；不得有 5 个以上的漏剪、翘伸的钢丝挑头
6	横向钢丝排列	网片横向钢丝最大间距为 60 mm，超过 60 mm 处应加焊钢丝，纵横向钢丝应互相垂直
7	泡沫内芯板条局部自由松动	不得多于 3 处，单条自由松动不得超过 1/2 板长
8	泡沫内芯板条对接	泡沫板全长对接不得超过 3 根，短于 150 mm 的板条不得使用

(6)GJ 板的规格尺寸允许偏差见表 3—5。

表 3—5　GJ 板的规格尺寸允许偏差

项次	项目	允许偏差(mm)
1	长	±10
2	宽	±5
3	厚	±2
4	两对角线差	≤ 10
5	侧向弯曲	≤ L/650

续上表

项次	项目	允许偏差(mm)
6	泡沫板条宽度	±0.5
7	泡沫板条(或整板)的厚度	±2
8	泡沫内芯中心面位移	≤3
9	泡沫板条对接缝隙	≤2
10	两之字条距离或纵丝间距	±2
11	钢丝之字条波幅、波长或腹丝间距	±2
12	钢丝网片局部翘曲	≤5
13	两钢丝网片中心距离	±2

(7)钢丝网架夹心板主要配套件。

1)夹心板拼缝处加固件:之字条、网片等。

2)板端、门窗洞口加固件:槽网、之字条、ϕ6、ϕ10 钢筋等。

3)阴、阳角加固件:角网等。

4)夹心板与地面、顶面、墙、柱面的连接件。

U 形连接件:用 ϕ4.5×L 37(mm)射钉固定或用 M8 膨胀螺栓固定。也可打孔插 ϕ6 钢筋作连接件。

5)埋件:预埋铁件、预埋木砖等,用于门窗框连接。

(8)22 号铅丝、箍码等,用于夹心板拼缝加固及连接件的绑扎、紧固。

(9)水泥砂浆。

底层抹灰:1∶3 水泥砂浆,用 32.5 级水泥、中砂,内掺水泥重量 1%的 EC 砂浆抗裂剂。

中层及罩面抹灰:1∶3 水泥砂浆,用 32.5 级水泥,可掺水泥重量 20%的灰膏、细砂。

(10)EC－1 表面防裂剂,用量为 5～8 m^2/kg。

(11)凡未镀锌的配件及锚筋,一律刷防锈漆两道做防锈处理。

2. 放线

按设计的墙的轴线位置,在地面、顶面、侧面弹出墙的中心线和墙的厚度线,划出门窗洞口的位置。当设计有要求时,按设计要

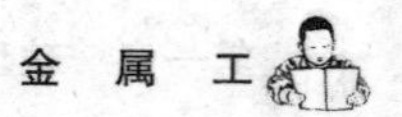

求确定埋件位置，当设计无明确要求时，按 400 mm 间距划出连接件或锚筋的位置。

3. 配钢丝网架夹心板及配套件

按设计要求配钢丝网架夹心板及配套件。当设计无明确要求时，可按以下原则配置。

(1)隔墙高度小于 4 m 的，宜整板上墙。拼板时应错缝拼接。隔墙高度或长度超过 4 m 时，应按设计要求增设加劲柱。

(2)有转角的隔墙，在墙的拐角处和门窗洞口处应用整板；需裁剪的配板，应放在与结构墙、柱的结合处；所裁剪的板的边沿宜为一根整钢丝，以便拼缝处用 22 号铅丝绑扎固定。

(3)各种配套用的连接件、加固件、埋件要配齐。凡未镀锌的铁件，要刷防锈漆两道做防锈处理。

4. 安装钢丝网架夹心板

当设计对钢丝网架夹心板的安装、连接、加固补强有明确要求的，应按设计要求进行，当无明确要求时，可按以下原则施工：

(1)连接件的设置。

1)墙、梁、柱上已预埋锚筋(一般为 $\phi10$、$\phi6$，长为 $30d$，间距为 400 mm)应理直，并刷防锈漆两道。

2)地面、顶板、混凝土梁、柱、墙面埋设置锚固筋的，可按 400 mm的间距埋膨胀螺栓或用射钉固定 U 形连接件。

也可用打孔插筋作连接件。其方法是紧贴钢丝网架两边打孔，孔距 300 mm，孔径 6 mm，孔深 50 mm，两排孔应错开，孔内插 $\phi6$ 钢筋，下埋 50 mm，上露 100 mm。地面上的插筋可不用环氧树脂锚固，其余的应先清孔，再用环氧树脂锚固插筋。

(2)安装夹心板：按放线的位置安装钢丝网架夹心板。板与板的拼缝处用箍码或 22 号铅丝扎牢。

(3)夹心板与四周连接。

1)墙、梁、柱上已预埋锚筋的，用 22 号铅丝将锚筋与钢丝网架扎牢，扎扣不少于 3 点。

2)用膨胀螺栓或用射钉固定 U 形连接件，用 22 号铅丝将 U

形连接件与钢丝网架扎牢。

（4）夹心板的加固补强

1）隔墙的板与板纵横向拼缝处用之字条加固，用箍码或22号铅丝与钢丝网架连接。

2）转角墙、丁字墙阴、阳角处用角网加固，用箍码或22号铅丝与钢丝网架连接。阳角角网总宽400 mm，阴角角网总宽300 mm。

3）夹心板与混凝土墙、柱、砖墙连接处，阴角用角网加固，阴角角网总宽300 mm，一边用箍码或22号铅丝与钢丝网架连接，另一边用钢钉与混凝土墙、柱固定或用骑马钉与砖墙固定。夹心板与混凝土墙、柱连接处的平缝，用300 mm宽平网加固，一边用箍码或22号铅丝与钢丝网架连接，另一边用钢钉与混凝土墙、柱固定。

4）用箍码或22号铅丝连接的，箍码或扎点的间距为200 mm，呈梅花形布点。

5. 门窗洞口加固补强及门窗框安装

当设计有明确要求时，按设计要求施工。设计无明确要求时，可按以下做法施工。

（1）门窗洞加固补强。门窗洞口各边用通长槽网和2ϕ10钢筋加固补强，槽网总宽300 mm，ϕ10钢筋长度为洞边加400 mm。门洞口下部，2ϕ10钢筋与地板上的锚筋或膨胀螺栓焊接。窗洞四角、门洞的上方两角用500 mm长之字条按45°方向双面加固。网与网用箍码或22号铅丝连接，ϕ10钢筋用22号铅丝绑扎。

（2）门窗框安装。根据门窗框的安装要求，在门窗洞口处安放预埋件，连接门窗框。

6. 安埋件、铺电线管、安接线盒

（1）按图纸要求埋设各种预埋件、铺电线管、安接线盒等，并要求与夹心板的安装同步进行，固定牢固。

（2）预埋件、接线盒等的埋设方法是按所需大小的尺寸抠去聚苯泡沫或岩棉，在抠洞处喷一层EC－1液，用1∶3水泥砂浆固定埋件或稳住接线盒。

（3）电线管等管道应用22号铅丝与钢丝网架绑扎牢固。

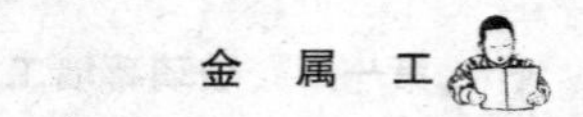

7. 检查校正补强

在抹灰以前，要详细检查夹心板、门窗框、各种预埋件、管道、接线盒的安装和固定是否符合设计要求。安装好的钢丝网架夹心板要形成一个稳固的整体，并做到基本平整、垂直。达不到要求的要校正补强。

8. 制备水泥砂浆

砂浆用搅拌机搅拌均匀，稠度要合适。搅拌好的水泥砂浆要在初凝前用完。已凝固的砂浆不得二次掺水搅拌使用。

9. 抹一侧底灰

抹一侧底灰前，先在夹心板的另一侧作适当支顶，以防止抹底灰时夹心板晃动。抹灰前在夹心板上均匀喷一层 EC—1 面层处理剂，随即抹底灰，以加强水泥砂浆与夹心板的黏结。要按抹底灰的工艺要求作业，底灰的厚度为 12 mm 左右。底灰要基本平整，并用带齿抹子均匀拉槽，以利于与中层砂浆的黏结。抹完灰后随即均匀喷一层 EC—1 防裂剂。

10. 抹另一侧底灰

在 48 h 以后撤去支顶抹另一侧底灰。操作方法同上一条。

11. 抹中层灰、罩面灰

在两层底灰抹完 48 h 以后才能抹中层灰。要严格按抹灰工序的要求进行，即认真按照阴阳角找方、设置标筋、分层赶平、修整、表面压光等工序的工艺要求作业。底灰、中层灰和罩面灰总厚度为 25～28 mm。

12. 面层装修

按设计要求和饰面层施工工艺作面层装修。

13. 施工注意事项

(1)隔墙工程的脚手架搭设应符合建筑施工安全标准。

(2)严防运输小车等碰撞隔墙板及门口。

(3)在施工楼地面时，应防止砂浆溅污隔墙板。

(4)脚手架上搭设跳板应用钢丝绑扎固定，不得有探头板。

(5)施工现场必须工完场清。设专人洒水、打扫，不能扬尘污染环境。

(6)有噪声的电动工具应在规定的作业时间内施工,防止噪声污染、扰民。

(7)现场保持良好通风,但不宜有过堂风。

【技能要点 2】纤维板隔墙

1. 双面纤维隔断墙用量参考

双面纤维板隔断墙每 100 m^2 材料用量,见表 3—6。

表 3—6　双面纤维板隔断墙材料用量

材料名称	规格(mm)	单　位	数　量	备　注
木方	40×70	m^3	1.65	—
	25×25	m^3	0.65	拐角压口条
	15×35	m^3	0.20	板间压口条
纤维板	—	m^2	2.16	—
钉子	—	kg	18.2	—

2. 安装要点

(1)用钉子固定时,硬质纤维板钉距为 80～120 mm,钉长为 20～30 mm,钉帽打扁后钉入板面 0.5 mm,钉眼宜用油性腻子抹平。这样,才可防止板面空鼓、翘曲,钉帽不致生锈。如用木压条固定时,钉距不应大于 200 mm,钉帽应打扁,并进入木压条 0.5～1.0 mm,钉眼用油性腻子抹平。

(2)采用硬质纤维板罩面装饰或隔断时,在阳角处应做护角,以防使用中损坏墙角。

(3)硬质纤维板应用水浸透,晾干后安装,才可保证工程质量。

3. 施工注意事项

起鼓、翘曲是纤维板安装施工中常见的质量问题,特别是硬质纤维板,其原因如下:

(1)安装前未将硬质纤维板用水浸泡处理,由于这种板材有湿胀、干缩的性能,故易发生质量问题。据实测结果,将硬质纤维板放入水中浸泡 24 h后,可伸胀 0.5%左右,如纤维板未经浸泡,安装后因吸收空气中水分会产生膨胀，但因其四周已有钉子固定（受约束）无法伸胀，故造成起鼓、翘曲等质量问题。将硬质纤维板经浸泡处理，安装后能达到板面平整，才可保证工程质量。

(2)硬质纤维板用钉子固定时，采用的钉子尺寸如过小，则长度不够，每块板面上钉子的间距过大，板的边角漏钉等原因，也会造成板面起鼓、翘曲。

【技能要点3】增强石膏空心条板轻质隔墙

1. 材料要求

(1)增强水泥空心条板：增强水泥空心条板有标准板、门框板、窗框板、门上板、窗上板、窗下板及异形板。标准板用于一般隔墙。其他的板按工程设计确定的规格进行加工。其规格及技术要求见表3—7。

表3—7　(GRC)空心条板的规格及技术要求

规格	用途		面密度(kg/m²)	抗弯荷载(N)	单点吊挂力(N)	料浆抗压强度(MPa)	软化系数	收缩率
	普通住宅用	公用建筑用						
长(mm)	2 400～3 000	2 400～3 900	≤60	≥2.0G	≥800	≥10	≥0.8	≤0.08%
宽(mm)	590～595	590～595						
厚(mm)	60、90	90						

注：G为板材的重量(单位：N)。

(2)胶黏剂：水泥类胶合剂。用于增强水泥空心条板与基体结构之固定、板缝处理、粘贴板缝和墙面转角玻纤布条。

1)初凝时间>0.5 h。

2)黏结强度>1.0 MPa。

(3)50 mm宽中碱玻纤带及玻纤布：用于板缝处理。

1)布重>80 g/m²，8目/mm²。

2)断裂强度：25 mm×100 mm布条经纱>300 N。

3)纬纱>150 N。

(4)石膏腻子：用于满刮墙面。腻子的性能：抗压强度>2.5 MPa；抗折强度>1.0 MPa；黏结强度>0.2 MPa；终凝时间3 h。

2. 放线、分档

在地面、墙面及顶面根据设计位置，弹好隔墙边线及门窗洞边线，并按板宽分档。

3. 配板、修补

板的长度应按楼面结构层净高尺寸减 20 mm。计算并测量门窗洞口上部及窗口下部的隔板尺寸，按此尺寸配有预埋件的门窗框板。当板的宽度与隔墙的长度不相适应时，应将部分隔墙板预先拼接加宽（或锯窄）成合适的宽度，放置有阴角处。有缺陷的板应修补。

4. U 形钢板卡固定

有抗震要求时，应按设计要求用 U 形钢板卡固定条板的顶端。在两块条板顶端拼缝之间用射钉将 U 形钢板卡固定在梁或板上，随安板随固定 U 形钢板卡，U 形卡应做防锈处理。

5. 配制胶合剂

胶合剂要随配随用。配制的胶合剂应在 30 min 内用完。

6. 安装隔墙板

隔墙板安装顺序应从与墙的结合处开始，依次顺序安装。板侧清刷浮灰，在墙面、顶面、板的顶面及侧面（相拼合面）满刮胶合剂，按弹线位置安装就位，用木楔顶在板底，再用手平推隔板，使板缝冒浆，一个人用撬棍在板底部向上顶，另一人打木楔，使隔墙板挤紧顶实，然后用开刀（腻子刀）将挤出的胶黏剂刮平。按以上操作办法依次安装隔墙板。

在安装隔墙板时，一定要注意使条板对准预先在顶板和地板上弹好的定位线，并在安装过程中随时用 2 m 靠尺及塞尺测量墙面的平整度，用 2 m 托线板检查板的垂直度。

黏结完毕的墙体，应立即用 C20 干硬性混凝土将板下口堵严，当混凝土强度达到 10 MPa 以上，撤去板下木楔，并用 M20 强度的干硬性砂浆灌实。

7. 铺设电线管、安接线盒，安装管卡、埋件

按电气安装图找准位置划出定位线，铺设电线管、安接线盒。

所有电线管必须顺增强水泥空心条板的孔铺设，严禁横铺和斜铺。

安接线盒时，先在板面钻孔扩孔(防止猛击)，再用扁铲扩孔，孔要大小适度，要方正。孔内清理干净，用胶黏剂安接线盒。

按设计指定的办法安装水暖管卡和吊挂埋件。

8. 安门窗框

一般采用先留门窗洞口，后安门窗框的方法。钢门窗框必须与门窗框板中的预埋件焊接。木门窗框用L形连接件连接，一边用木螺丝与木框连接，另一端与门窗框板中预埋件焊接。门窗框与门窗框板之间缝隙不宜超过3 mm，超过3 mm时，应加木垫片过渡。将缝隙中的浮灰清理干净，用胶黏剂嵌缝。嵌缝要嵌满嵌密实，以防止门扇开关时碰撞门框造成裂缝。

9. 板缝处理

隔墙板安装后10 d，检查所有缝隙是否黏结良好，有无裂缝，如出现裂缝，应查明原因后进行修补。已黏结良好的所有板缝、阴角缝，先清理浮灰，刮胶合剂，贴50 mm宽玻纤网格带，转角隔墙在阳角处粘贴200 mm宽(每边各100 mm宽)玻纤布一层，压实、粘牢，表面再用胶合剂刮平。

10. 板面装修

(1)一般居室墙面，直接用石膏腻子刮平，打磨后再刮第二道腻子，再打磨平整，最后做饰面层。

(2)隔墙踢脚，一般应先在根部刷一道108胶水泥浆，再做水泥、水磨石踢脚。如做塑料或木踢脚，先钻孔打入木楔，再用钉钉在隔墙板上(或用胶粘贴)。

(3)如遇板面局部有裂缝，在做饰面前应先处理，才能进行下一道工序。

11. 施工注意事项

(1)隔墙工程的脚手架搭设应符合建筑施工安全标准。

(2)脚手架上搭设跳板应用钢丝绑扎固定，不得有探头板。

(3)安装埋件时，宜用电钻钻孔扩孔，用扁铲扩方孔，不得对隔墙用力敲击。对刮完腻子的隔墙,不应进行任何剔凿。

(4)施工中各专业工种应紧密配合,合理安排工序,严禁颠倒工序作业。隔墙板黏结后 10 d 内不得碰撞敲打,不得进行下道工序施工。

(5)施工现场必须工完场清。设专人洒水、打扫,不能扬尘污染环境。

(6)有噪声的电动工具应在规定的作业时间内施工,防止噪声污染、扰民。

(7)遵守操作规程,非操作人员决不准乱用机电工具,以防伤人。

【技能要点 4】石膏板复合墙板隔墙

1. 板材的运输与堆放

石膏板复合墙板场外运输宜采用车厢宽度大于 2 m、长度大于板长的车辆运输;车厢内堆置高度不大于 1.6 m,车帮与堆垛之间应留有空隙,板材必须捆紧绑牢;雨雪天气运输须覆盖严密,防止潮湿;雨季施工时,板材不应堆在露天处,必需露天堆放时,应搭设平台,平台上皮距地面 30～40 cm 以上,满铺油毡,并做好排水设施,覆盖苫布;室内堆放时,底部放 5 根等距木方,可重叠 10～12 块板材,复合板两端露明处,要涂刷有颜色的防潮剂。

2. 工艺流程

石膏板复合板隔墙的安装施工顺序:墙位放线→墙基施工→安装定位架→复合板安装、随立门窗口→墙底缝隙填塞干硬性豆石混凝土。

先将楼地面凿毛,将浮灰清扫干净,洒水湿润,然后现浇混凝土墙基;复合板安装宜由墙的一端开始排放,顺序安装,最后剩余宽度不足整板时,须按尺寸补板,补板宽度大于 450 mm 时,在板中应增立一根龙骨,补板时在四周粘贴石膏板条,再在板条上粘贴石膏板;隔墙上设有门窗口时,应先安装门窗口一侧较短的墙板,随即立口,再顺序安装门窗口另一侧墙板。一般情况下,门口两侧墙板宜使用边角方正的整板,拐角两侧墙板,也力求使用整板。图

3—1 为石膏板复合板墙安装次序示意图。

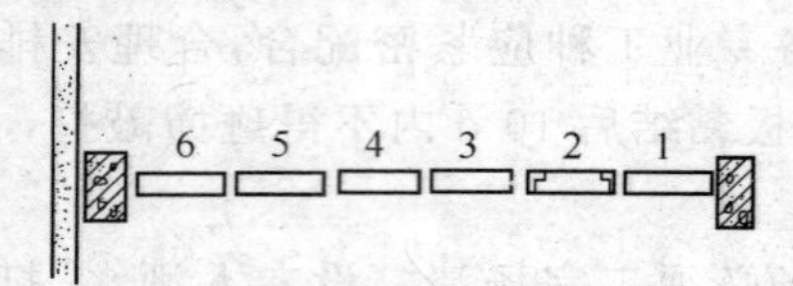

图 3—1 石膏板复合板隔墙安装次序示意图

1—整板(门口板);2—门口;3—整板(门口板);4—整板;5—整板;6—补板

3. 安装要点

复合板安装时,在板的顶面、侧面和门窗口外侧面,应清除浮土后均匀涂刷胶粘料成"Λ"状,安装时侧面要严,上下要顶紧,接缝内胶黏剂要饱满(要凹进板面 5 mm 左右)。接缝宽度为 35 mm,板底空隙不大于 25 mm,板下所塞木楔上下接触面应涂抹胶粘料。木楔一般不撤除,但不得外露于墙面。

第一块复合板安装后,要检查垂直度,顺序往后安装时,必须上下横靠检查尺找平,如发现板面接缝不平,应及时用夹板校正(图 3—2)。

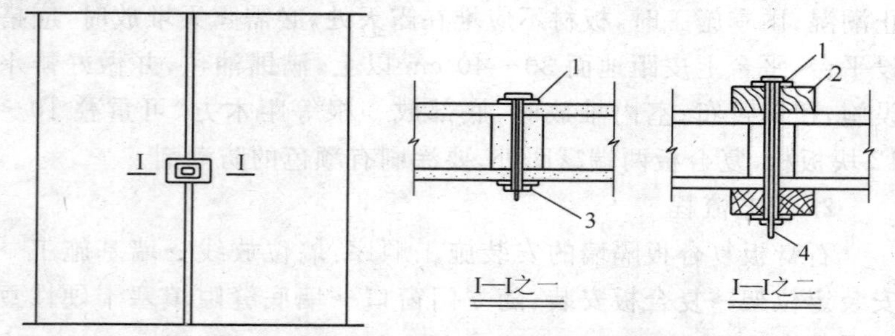

图 3—2 复合板墙板板面接缝夹板校正示意图

1—垫圈;2—木夹板;3—销子;4—M6 螺栓

双层复合板中间留空气层的墙体,其安装要求为:先安装一道复合板,露明于房间一侧的墙面必须平整;在空气层一侧的墙板接缝,要用胶黏剂勾严密封。安装另一面的复合板前,插入电气设备管线安装工作,第二道复合板的板缝要与第一道墙板缝错开,并应使露明于房间一侧的墙面平整。

石膏板复合墙板的接缝处理、饰面做法、施工机具等,均与纸面石膏板基本相同。

【技能要点5】增强水泥空心条板轻质隔墙

1. 材料要求

(1)增强水泥空心条板:增强水泥空心条板有标准板、门框板、窗框板、门上板、窗上板、窗下板及异形板。标准板用于一般隔墙。其他的板按工程设计确定的规格进行加工。其规格及技术要求见表3—8。

表3—8　(GRC)空心条板的规格及技术要求

规格	用途		面密度(kg/m²)	抗弯荷载(N)	单点吊挂力(N)	料浆抗压强度(MPa)	软化系数	收缩率
	普通住宅用	公用建筑用						
长(mm)	2 400～3 000	2 400～3 900	≤60	≥2.0*G*	≥800	≥10	≥0.8	≤0.08%
宽(mm)	590～595	590～595						
厚(mm)	60、90	90						

注:*G*为板材的重量(单位:N)。

(2)胶黏剂:水泥类胶合剂。用于增强水泥空心条板与基体结构之固定、板缝处理、粘贴板缝和墙面转角玻纤布条。

1)初凝时间>0.5 h。

2)黏结强度>1.0 MPa。

(3)50 mm宽中碱玻纤带及玻纤布:用于板缝处理。

1)布重>80 g/m²,8目/mm²。

2)断裂强度:25 mm×100 mm布条经纱>300 N。

3)纬纱>150 N。

(4)石膏腻子:用于满刮墙面。腻子的性能:抗压强度>2.5 MPa;抗折强度>1.0 MPa;黏结强度>0.2 MPa;终凝时间3 h。

2. 放线、分档

在地面、墙面及顶面根据设计位置,弹好隔墙边线及门窗洞边线,并按板宽分档。

3. 配板、修补

板的长度应按楼面结构层净高尺寸减20 mm。计算并测量门窗洞口上部及窗口下部的隔板尺寸，按此尺寸配有预埋件的门窗框板。当板的宽度与隔墙的长度不相适应时，应将部分隔墙板预先拼接加宽（或锯窄）成合适的宽度，放置有阴角处。有缺陷的板应修补。

4. U 形钢板卡固定

有抗震要求时，应按设计要求用 U 形钢板卡固定条板的顶端。在两块条板顶端拼缝之间用射钉将 U 形钢板卡固定在梁或板上，随安板随固定 U 形钢板卡，U 形卡应做防锈处理。

5. 配制胶合剂

胶合剂要随配随用。配制的胶合剂应在 30 min 内用完。

6. 安装隔墙板

隔墙板安装顺序应从与墙的结合处开始，依次顺序安装。板侧清刷浮灰，在墙面、顶面、板的顶面及侧面（相拼合面）满刮胶合剂，按弹线位置安装就位，用木楔顶在板底，再用手平推隔板，使板缝冒浆，一个人用撬棍在板底部向上顶，另一人打木楔，使隔墙板挤紧顶实，然后用开刀（腻子刀）将挤出的胶黏剂刮平。按以上操作办法依次安装隔墙板。

在安装隔墙板时，一定要注意使条板对准预先在顶板和地板上弹好的定位线，并在安装过程中随时用 2 m 靠尺及塞尺测量墙面的平整度，用 2 m 托线板检查板的垂直度。

黏结完毕的墙体，应立即用 C20 干硬性混凝土将板下口堵严，当混凝土强度达到 10 MPa 以上，撤去板下木楔，并用 M20 强度的干硬性砂浆灌实。

7. 铺设电线管、安接线盒，安装管卡、埋件

按电气安装图找准位置划出定位线，铺设电线管、安接线盒。

所有电线管必须顺增强水泥空心条板的孔铺设，严禁横铺和斜铺。

安接线盒时，先在板面钻孔扩孔（防止猛击），再用扁铲扩孔，孔要大小适度，要方正。孔内清理干净，用胶黏剂安接线盒。

按设计指定的办法安装水暖管卡和吊挂埋件。

8. 安门窗框

一般采用先留门窗洞口，后安门窗框的方法。钢门窗框必须与门窗框板中的预埋件焊接。木门窗框用L形连接件连接，一边用木螺钉与木框连接，另一端与门窗框板中预埋件焊接。门窗框与门窗框板之间缝隙不宜超过3 mm，超过3 mm时，应加木垫片过渡。将缝隙中的浮灰清理干净，用胶黏剂嵌缝。嵌缝要嵌满嵌密实，以防止门扇开关时碰撞门框造成裂缝。

9. 板缝处理

隔墙板安装后10 d，检查所有缝隙是否黏结良好，有无裂缝，如出现裂缝，应查明原因后进行修补。已黏结良好的所有板缝、阴角缝，先清理浮灰，刮胶合剂，贴50 mm宽玻纤网格带，转角隔墙在阳角处粘贴200 mm宽（每边各100 mm宽）玻纤布一层，压实、粘牢，表面再用胶合剂刮平。

10. 板面装修

(1)一般居室墙面，直接用石膏腻子刮平，打磨后再刮第二道腻子，再打磨平整，最后做饰面层。

(2)隔墙踢脚，一般应先在根部刷一道108胶水泥浆，再做水泥、水磨石踢脚。如做塑料或木踢脚，先钻孔打入木楔，再用钉钉在隔墙板上（或用胶粘贴）。

(3)如遇板面局部有裂缝，在做饰面前应先处理，才能进行下一道工序。

11. 施工注意事项

(1)隔墙工程的脚手架搭设应符合建筑施工安全标准。

(2)脚手架上搭设跳板应用钢丝绑扎固定，不得有探头板。

(3)安装埋件时，宜用电钻钻孔扩孔，用扁铲扩方孔，不得对隔墙用力敲击。对刮完腻子的隔墙，不应进行任何剔凿。

(4)施工中各专业工种应紧密配合，合理安排工序，严禁颠倒工序作业。隔墙板黏结后10 d内不得碰撞敲打，不得进行下道工序施工。

(5)施工现场必须工完场清。设专人洒水、打扫，不能扬尘污染环境。

(6)有噪声的电动工具应在规定的作业时间内施工,防止噪声污染、扰民。

(7)遵守操作规程,非操作人员决不准乱用机电工具,以防伤人。

【技能要点 6】质量标准

1. 一般规定

每个检验批应至少抽查 10%,并不得少于 3 间;不足 3 间时应全数检查。

2. 主控项目

(1)隔墙板材的品种、规格、性能、颜色应符合设计要求。有隔声、隔热、阻燃、防潮等特殊要求的工程,板材应有相应性能等级的检测报告。

检验方法:观察;检查产品合格证书、进场验收记录和性能检测报告。

(2)安装隔墙板材所需预埋件、连接件的位置、数量及连接方法应符合设计要求。

检验方法:观察;尺量检查;检查隐蔽工程验收记录。

(3)隔墙板材安装必须牢固。现制钢丝网水泥隔墙与周边墙体的连接方法应符合设计要求,并应连接牢固。

检验方法:观察;手扳检查。

(4)隔墙板材所用接缝材料的品种及接缝方法应符合设计要求。

检验方法:观察;检查产品合格证书和施工记录。

3. 一般项目

(1)隔墙板材安装应垂直、平整、位置正确,板材不应有裂缝或缺损。

检验方法:观察;尺量检查。

(2)板材隔墙表面应平整光滑、色泽一致、洁净,接缝应均匀、顺直。

检验方法:观察;手摸检查。

(3)隔墙上的孔洞、槽、盒应位置正确、套割方正、边缘整齐。

检验方法:观察。

(4)板材隔墙安装的允许偏差和检验方法应符合表 3—9 的规定。

表 3—9　板材隔墙安装的允许偏差和检验方法

项次	项目	允许偏差(mm)				检验方法
		复合轻质墙板		石膏空心板	钢丝网水泥板	
		金属夹芯板	其他复合板			
1	立面垂直度	2	3	3	3	用 2 m 垂直检测尺检查
2	表面平整度	2	3	3	3	用 2 m 靠尺和塞尺检查
3	阴阳角方正	3	3	3	4	用直角检测尺检查
4	接缝高低差	1	2	2	3	用钢直尺和塞尺检查

第二节　骨架隔墙

【技能要点 1】轻钢龙骨石膏板隔墙

1. 材料要求

(1)轻钢龙骨:轻钢龙骨是以薄壁镀锌钢带或薄壁冷轧退火卷带为原料,经冲压或冷弯而成的轻质隔墙板支承骨架材料。

轻钢龙骨主件有沿顶沿地龙骨、加强龙骨、竖(横)向龙骨、横撑龙骨。轻钢龙骨配件有支撑卡、卡托、角托、连接件、固定件、护角条、压缝条等。轻钢龙骨的配置应符合设计要求。龙骨应有产品质量合格证。龙骨外观应表面平整,棱角挺直,过渡角及切边不允许有裂口和毛刺,表面不得有严重的污染、腐蚀和机械损伤。

(2)紧固材料:射钉、膨胀螺栓、镀锌自攻螺钉(12 mm 厚石膏板用 25 mm 长螺钉,两层 12 mm 厚石膏板用 35 mm 长螺钉)、木螺丝等,应符合设计要求。

(3)填充材料:玻璃棉、矿棉板、岩棉板等按设计要求选用。

(4)纸面石膏板:纸面石膏板是以半水石膏和面纸为主要原料。掺入适量纤维、胶黏剂、促凝剂、缓凝剂,经料浆配制、成型、切割、烘干而成的一种轻质板材。纸面石膏板现有品种:普通纸面石膏板、防火石膏板和防水石膏板。除防水石膏板外,一般不宜用于厨房、厕所以及空气相对湿度经常大于70%的潮湿环境中。

纸面石膏板应有产品合格证。规格应符合设计图纸的要求。一般规格如下。

1)长度:根据工程需要确定。

2)宽度:1 200 mm、900 mm。

3)厚度:9.5 mm、12 mm、15 mm、18 mm、25 mm。常用的为12 mm。

(5)接缝材料:接缝腻子、玻纤带(布)、108胶。

1)WKF接缝腻子:抗压强度>0.3 MPa,抗折强度>1.5 MPa,终凝时间>0.5 h。

2)50 mm中碱玻纤带和玻纤网格布。

①布重>80 g/m^2。

②断裂强度:25 mm×100 mm布条,经向>300 N。

③纬向>150 N。

2. 弹线

在基体上弹出水平线和竖向垂直线,以控制隔断龙骨安装的位置、龙骨的平直度和固定点。

3. 隔断龙骨的安装

(1)沿弹线位置固定沿顶和沿地龙骨,各自交接后的龙骨,应保持平直。固定点间距应不大于1 000 mm,龙骨的端部必须固定牢固。边框龙骨与基体之间,应按设计要求安装密封条。

(2)当选用支撑卡系列龙骨时,应先将支撑卡安装在竖向龙骨的开口上,卡距为400~600 mm,距龙骨两端的为20~25 mm。

(3)选用通贯系列龙骨时,高度低于3 m的隔墙安装一道;3~5 m时安装两道;5 m以上时安装三道。

(4)门窗或特殊节点处,应使用附加龙骨,加强其安装应符合设计要求。

(5)隔断的下端如用木踢脚板覆盖,隔断的罩面板下端应离地面 20～30 mm；如用大理石、水磨石踢脚时，罩面板下端应与踢脚板上口齐平，接缝要严密。

（6）骨架安装的允许偏差，应符合表 3—10 的规定。

表 3—10　隔断骨架允许偏差

项次	项目	允许偏差(mm)	检验方法
1	立面垂直	3	用 2m 托线板检查
2	表面平整	2	用 2m 直尺和楔型塞尺检查

4. 做地枕带

当设计有要求时，按设计要求作细石混凝土地枕带。做地枕带应支模板，细石混凝土应振捣密实。

5. 沿顶、沿地固定龙骨

按弹线位置固定沿顶、沿地龙骨，可用射钉或膨胀螺栓固定，固定点间距应不大于 600 mm，龙骨对接应平直。

6. 固定边框龙骨

沿弹线位置固定边框龙骨，龙骨的边线应与弹线重合。龙骨的端部应固定，固定点间距应不大于 1000 mm，固定应牢固。

边框龙骨与基体之间，应按设计要求安装密封条。

7. 龙骨安装

选用支撑卡系列龙骨时，应先将支撑卡安装在竖向龙骨的开口上，卡距为 400～600 mm，龙骨两端的距离为 20～25 mm。

安装竖向龙骨应垂直，龙骨间距应按设计要求布置。设计无要求时，其间距可按板宽确定，如板宽为 900 mm、1200 mm 时，其间距分别为 435 mm、603 mm。

选用通贯系列龙骨时，低于 3 m 的隔墙安装一道；3～5 m 隔墙安装两道；5 m 以上安装三道。

8. 电气铺管、安装附墙设备

按图纸要求预埋管道和附墙设备。要求与龙骨的安装同步进行，或在另一面石膏板封板前进行，并采取局部加强措施，固定牢固。电气设备专业在墙中铺设管线时，应避免切断横、竖向龙骨，同时避免在沿墙下端设置管线。

9. 龙骨检查校正补强

安装罩面板前,应检查隔断骨架的牢固程度,门窗框、各种附墙设备、管道的安装和固定是否符合设计要求。如有不牢固处,应进行加固。

10. 安装石膏罩面板

(1)石膏板宜竖向铺设,长边(即包封边)接缝应落在竖龙骨上。但隔墙为防火墙时,石膏板应竖向铺设。罩面板横向接缝处,如不在沿顶、沿地龙骨上,应加横撑龙骨固定板缝。曲面墙所用石膏板宜横向铺设。

(2)龙骨两侧的石膏板及龙骨一侧的内外两层石膏板应错缝排列,接缝不得落在同一根龙骨上。

(3)石臂板用自攻螺钉固定。沿石膏板周边螺钉间距不应大于 200 mm,中间部分螺钉间距不应大于 300 mm,螺钉与板边缘的距离应为 10～16 mm。

(4)安装石膏板时,应从板的中部向板的四边固定,钉头略埋入板内,但不得损坏纸面。钉眼应用石膏腻子抹平。

(5)石膏板宜使用整板。如需对接时,应紧靠,但不得强压就位。

(6)隔墙端部的石膏板与周围的墙或柱应留有 3 mm 的槽口。施工时,先在槽口处加注嵌缝膏,然后铺板,挤压嵌缝膏使其和邻近表层紧密接触。

(7)安装防火墙石膏板时,石膏板不得固定在沿顶、沿地龙骨上,应另设横撑龙骨加以固定。

(8)隔墙板的下端如用木踢脚板覆盖,罩面板应离地面 20～30 mm;用大理石、水磨石踢脚板时,罩面板下端应与踢脚板上口齐平,接缝严密。

(9)铺放墙体内的玻璃棉、矿棉板、岩棉板等填充材料,与安装另一侧纸面石膏板同时进行,填充材料应铺满铺平。

11. 接缝及护角处理

接缝及护角处理,如图 3—3 所示。且施工时应注意以下几点。

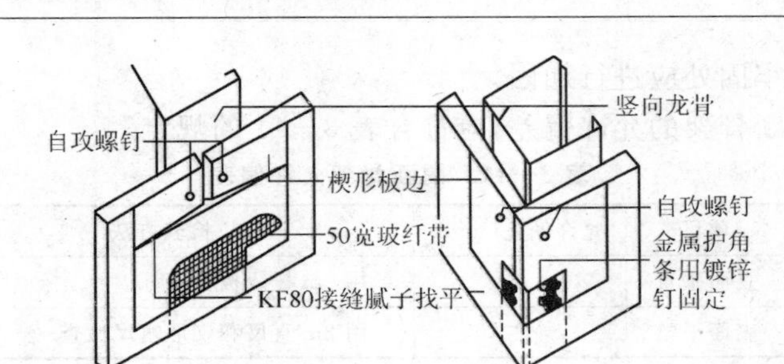

图 3—3　墙面接缝及阳角做法

(1)纸面石膏板墙接缝做法有 3 种形式,即平缝、凹缝和压条缝。一般做平缝较多,可按以下程序处理。

1)纸面石膏板安装时,其接缝处应适当留缝(一般 3～6 mm),并必须坡口与坡口相接,接缝内浮土清除干净后,刷一道 50%浓度的 108 胶水溶液。

2)用小刮刀把 WKF 接缝腻子嵌入板缝,板缝要嵌满嵌实,与坡口刮平。待腻子干透后,检查嵌缝处是否有裂纹产生,如产生裂纹要分析原因,并重新嵌缝。

3)在接缝坡口处刮约 1 mm 厚的 WKF 腻子,然后粘贴玻纤带,压实刮平。

4)当腻子开始凝固又尚处于潮湿状态时,再刮一道 WKF 腻子,将玻纤带埋入腻子中并将板缝填满刮平。

5)阴角的接缝处理方法同平缝。

(2)阳角可按以下方法处理。

1)阳角粘贴两层玻纤布条,角两边均拐过 100 mm,粘贴方法同平缝处理,表面亦用 WKF 腻子刮平。

2)当设计要求做金属护角条时,按设计要求的部位、高度,先刮一层腻子,随即用镀锌钉固定金属护角条,并用腻子刮平。

【技能要点 2】龙骨罩面板安装

1. 施工作业条件

安装罩面板前,应检查隔断骨架的安装施工质量和牢固程度,如有不牢固处应进行加固。

隔断骨架的允许偏差，应符合表3—11的规定。

表3—11　隔断骨架允许偏差

项次	项目	允许偏差(mm)	检验方法
1	立面垂直	3	用2m托线板检查
2	表面平整	2	用2m直尺和楔形塞尺检查

2. 安装

石膏龙骨隔墙一般都用纸面石膏板作为面板，固定面板的方法一是粘，二是钉。纸面石膏板可用胶黏剂直接粘贴在石膏龙骨上。粘贴方法是：先在石膏龙骨上满刷2 mm厚的胶黏剂，接着将石膏板正面朝外贴上去，再用5 cm长的圆钉钉上，钉距为400 mm。

3. 玻璃纤维接缝带配合施工

(1)玻璃纤维接缝带如已干硬时，可浸入水中，待柔软后取出甩去水滴即可使用。

(2)板缝间隙以5 mm左右为宜。缝间必须保持清洁，不得有浮灰。对于已缺纸的石膏外露部分及水泥混凝土面，应先用胶黏剂涂刷1～2遍，以免此处石膏或混凝土过多地吸收腻子中的水分而影响黏结效果。胶黏剂晾干后即可开始嵌缝。

(3)用1份水(水温约25 ℃±5 ℃)注入盛器，再将2份KF80嵌缝石膏粉撒入，充分搅拌均匀。每次拌出的腻子不宜太多，以在40 min内用完为度。

(4)用50 mm宽的刮刀将腻子嵌入板缝并填实。贴上玻璃接缝带，用刮刀在玻璃纤维接缝带表面上轻轻挤压，使多余的腻子从接缝带的网格空隙中挤出后，再加以刮平。

(5)用嵌缝腻子将玻璃纤维接缝带加以覆盖，使玻璃纤维接缝带埋入腻子层中，并用腻子把石膏板的楔形倒角填平，最后用大刮板将板缝找平。

(6)如果有玻璃纤维端头外露于腻子表面时，待腻子层完全干燥固化后，用砂子轻轻打磨掉。

4. 接缝纸带配合施工

板缝处理及腻子的调配与玻璃纤维接缝带相同。

(1)刮第一层腻子。用小刮刀把腻子嵌入板缝。必须填实、刮平，否则可能塌陷并产生裂缝。

(2)贴接缝纸带。第一层腻子初凝后，用稍稀的腻子[水：KF80＝1：(1.6～1.8)]刮上一层，厚约 1 mm，宽 60 mm。随即把接缝纸带贴上，用劲刮平、压实。赶出腻子与纸带间的气泡，这是整个嵌缝工作的关键。

(3)面层处理。用中刮刀在纸带外刮上一层厚约 1 mm，宽约 80～100 mm 的腻子，使纸带埋入腻子中，以免纸带侧边翘起。最后再涂上一层薄层腻子，用大刮刀将墙面刮平即可。

石膏板隔墙需用腻子的数量，随板缝的深浅宽窄和有无倒角等因素而有差异。一般如石膏板厚度为 12 mm，板间缝隙宽为 10 mm，板缝的深度为 15 mm，有倒角的情况下，每 1 m 板缝需用粉状腻子材料约 0.3～0.4 kg。

【技能要点 3】质量标准

1. 一般规定

同一品种的轻质隔墙工程每 50 间(大面积房间和走廊按轻质隔墙的墙面 30 m^2 为一间)应划分为一个检验批，不足 50 间也应划分为一个检验批。

每个检验批应至少抽查 10%并不得少于 3 间；不足 3 间时应全数检查。

2. 主控项目

(1)骨架隔墙所用龙骨、配件、墙面板、填充材料及嵌缝材料的品种、规格、性能和木材的含水率应符合设计要求。有隔声、隔热、阻燃、防潮等特殊要求的工程，材料应有相应性能等级的检测报告。

检验方法：观察；检查产品合格证书、进场验收记录、性能检测报告和复验报告。

(2)骨架隔墙工程边框龙骨必须与基体结构连接牢固,并应平整、垂直、位置正确。

检验方法:手扳检查;尺量检查;检查隐蔽工程验收记录。

(3)骨架隔墙中龙骨间距和构造连接方法应符合设计要求。骨架内设备管线的安装、门窗洞口等部位加强龙骨应安装牢固、位置正确,填充材料的设置应符合设计要求。

检验方法:检查隐蔽工程验收记录。

(4)木龙骨及木墙面板的防火和防腐处理必须符合设计要求。

检验方法:检查隐蔽工程验收记录。

(5)骨架隔墙的墙面板应安装牢固,无脱层、翘曲、折裂及缺损。

检验方法:观察;手扳检查。

(6)墙面板所用接缝材料的接缝方法应符合设计要求。

检验方法:观察。

3. 一般项目

(1)骨架隔墙表面应平整光滑、色泽一致、洁净、无裂缝,接缝应均匀、顺直。

检验方法:观察;手摸检查。

(2)骨架隔墙上的孔洞、槽、盒应位置正确、套割吻合、边缘整齐。

检验方法:观察。

(3)骨架隔墙内的填充材料应干燥,填充应密实、均匀、无下坠。

检验方法:轻敲检查;检查隐蔽工程验收记录。

(4)骨架隔墙安装的允许偏差和检验方法应符合表3—12的规定。

表3—12　骨架隔墙安装的允许偏差和检验方法

项次	项目	允许偏差(mm)		检验方法
		纸面石膏板	人造木板、水泥纤维板	
1	立面垂直度	3	4	用2m垂直检测尺检查
2	表面平整度	3	3	用2m靠尺和塞尺检查

续上表

项次	项目	允许偏差(mm)		检验方法
		纸面石膏板	人造木板、水泥纤维板	
3	阴阳角方正	3	3	用直角检测尺检查
4	接缝直线度	—	3	拉5m线,不足5m拉通线,用钢直尺检查
5	压条直线度	—	3	拉5m线,不足5m拉通线,用钢直尺检查
6	接缝高低差	1	1	用钢直尺和塞尺检查

第三节　活动隔墙

【技能要点1】材料要求

活动隔墙一般由滑轮、导轨和隔扇构成,其所用的墙板、配件材料与工具的要求同其他板材隔墙和骨架隔墙等所用的材料与工具要求。

【技能要点2】施工要点

1. 放线、找规矩

在地面、墙面及顶面根据设计位置,弹好隔墙边线。

2. 隔扇制作

计算并量测洞口上部及下部尺寸,按此尺寸配板。当板的宽度与隔墙的长度不相适应时,应将部分隔墙板预先拼接加宽(或锯窄)成合适的宽度,然后组装。有缺陷的板应修补。胶黏剂要随配随用。配制的胶黏剂应在30 min内用完。隔扇接缝要黏结良好。一般居室墙面隔扇,直接用石膏腻子刮平,打磨后再刮第二道腻子,再打磨平整,最后做饰面层。

3. 埋设连接铁件

沿已经弹好的边线,按照设计要求分别埋设连接铁件。

4. 安装滑轮与导轨

按照设计要求,直接把导轨与滑轮与墙体上的预埋铁件焊牢,焊接处需做防锈处理。当墙体上没有预埋铁件时,用射钉将轨道与滑轮固定在梁或板上。

5. 安装隔扇

隔扇应在洞口墙体表面装饰完工验收后安装。将配好的隔扇整体安入导轨滑槽,调整好与扇的缝隙即可。

6. 安装五金配件

选准五金配件规格型号后,用螺钉与隔扇及导轨连接,安装五金配件应结实牢固,使用灵活。

7. 检验调整

待安装完毕后,按活动隔墙的检验要求进行检验,保证安装牢固、位置正确,推拉安全、平稳、灵活。

8. 悬吊导轨式固定

悬吊导轨式固定方式,是在隔板的顶面安设滑轮,并与上部悬吊的轨道相连,如此构成整个上部支撑点,滑轮的安装应与隔板垂直,并保持能自由转动的关系,以便隔板能随时改变自身的角度。在隔板的下部不需设置导向轨,仅对隔板与楼地面之间的缝隙,采用适当方法予以遮盖,如图 3—4 所示。

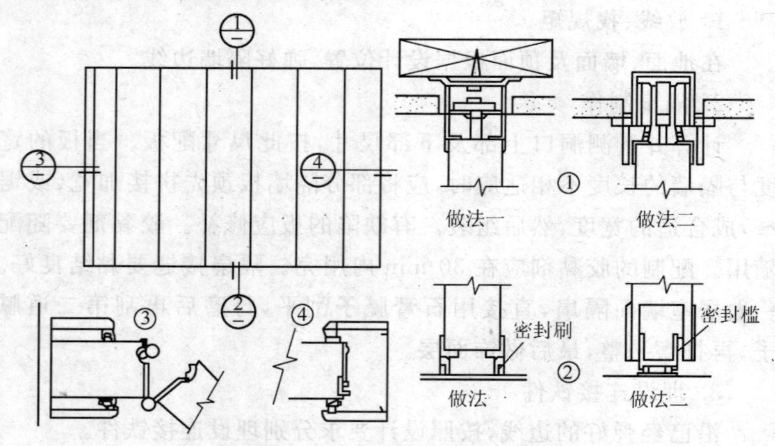

图 3—4　悬吊活动隔墙安装图

【技能要点 3】质量标准

1. 一般规定

每个检验批应至少抽查 20%,并不得少于 6 间;不足 6 间时应全数检查。

2. 主控项目

(1)活动隔墙所用墙板、配件等材料的品种、规格、性能和木材的含水率应符合设计要求。有阻燃、防潮等特性要求的工程，材料应有相应性能等级的检测报告。

检验方法：观察；检查产品合格证书、进场验收记录、性能检测报告和复验报告。

(2)活动隔墙轨道必须与基体结构连接牢固，并应位置正确。

检验方法：尺量检查；手扳检查。

(3)活动隔墙用于组装、推拉和制动的构配件必须安装牢固、位置正确，推拉必须安全、平稳、灵活。

检验方法：尺量检查；手扳检查；推拉检查。

(4)活动隔墙制作方法、组合方式应符合设计要求。

检验方法：观察。

3. 一般项目

(1)活动隔墙表面色泽一致、平整光滑、洁净，线条应顺直、清晰。

检验方法：观察；手摸检查。

(2)活动隔墙上的孔洞、槽、盒应位置正确，套割吻合、边缘整齐。

检验方法：观察；尺量检查。

(3)活动隔墙推拉应无噪声。

检验方法：推拉检查。

(4)活动隔墙安装的允许偏差和检验方法应符合表 3—13 的规定。

表 3—13　活动隔墙安装的允许偏差和检验方法

项次	项目	允许偏差(mm)	检验方法
1	立面垂直度	3	用 2 m 垂直检测尺检查
2	表面平整度	2	用 2 m 靠尺和塞尺检查
3	接缝直线度	3	拉 5 m 线，不足 5 m 拉通线，用钢直尺检查
4	接缝高低差	2	用钢直尺和塞尺检查
5	接缝宽度	2	用钢直尺检查

【技能要点 4】施工注意事项

(1)脚手架搭设应符合建筑施工安全标准的相关要求。脚手架上搭设跳板应用钢丝绑扎固定,不得有探头板。

(2)安装埋件时,宜用电钻钻孔扩孔,用扁铲扩方孔,不得对隔墙用力敲击。

(3)导轨安装完毕,应检查其保护是否包扎完好,并保持至交工。安装后禁止从导轨上运送任何物料,防止碰撞损坏。严防运输小车等碰撞隔墙板及门口。

(4)施工现场必须工完场清。设专人洒水、打扫,不能扬尘污染环境。

(5)有噪声的电动工具应在规定的作业时间内施工,防止噪声污染、扰民。

(6)机电器具必须安装触电保护装置,发现问题立即修理。严格遵守操作规程,非操作人员决不准乱动机具,以防伤人。

(7)现场保持良好通风。

第四节 玻璃隔墙

【技能要点 1】玻璃安装形式

1. 木基架与玻璃板的安装

(1)玻璃与基架木框的结合不能太紧密,玻璃放入木框后,在木框的上部和侧边应留有 3 mm 左右的缝隙,该缝隙是为玻璃热胀冷缩用的。对大面积玻璃板来说,留缝尤为重要,否则在受热变化时将会开裂。

(2)安装玻璃前,要检查玻璃的角是否方正,检查木框的尺寸是否正确,有否走形现象。在校正好的木框内侧,定出玻璃安装的位置线,并固定好玻璃板靠位线条,如图 3—5 所示。

(3)把玻璃装入木框内,其两侧距木框的缝隙应相等,并在缝隙中注入玻璃胶,然后钉上固定压条,固定压条最好用钉枪钉。

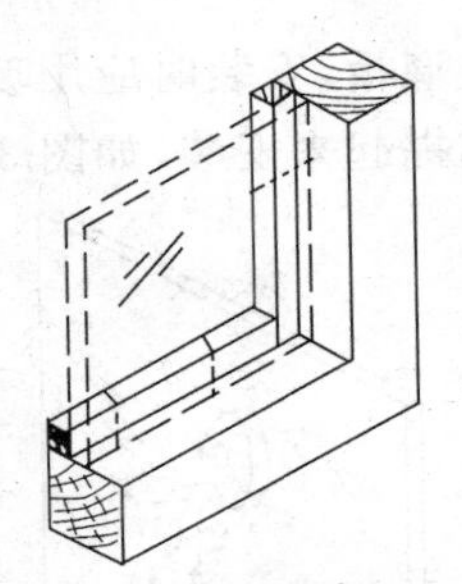

图 3—5　木框内玻璃安装方式

射钉枪简介

(1)用途。

射钉枪是装饰工程施工中常用的工具,它要与射钉弹和射钉共同使用,由枪机击发射钉弹、以弹内燃料的能量,将各种射钉直接打入钢铁、混凝土或砖砌体等材料中去。也可直接将构件钉紧于需固定部位,如固定木件、窗帘盒、木护壁墙、踢脚板、挂镜线、固定铁件,如窗盒铁件、铁板、钢门窗框、轻钢龙骨、吊灯等。

(2)使用注意事项。

射钉枪因型号不同,使用方法略有不同。现以 SDT—A30 射钉枪为例介绍操作方法。

1)装弹时,用手握住枪管套,向前拉到定向键处,然后再后推到位。

2)从握把端部插入弹夹,推至与握把端部齐平。

3)将钉子插入枪管孔内,直到钉子上的垫圈进入孔内为止。

4)射击时,将射钉枪垂直地紧压在基体表面上,扣动扳机。每发射一次,应再装射钉,直至弹夹上子弹用完为止。

5)使用射钉枪前要认真检查枪的完好程度,操作者最好经过专门训练。在操作时才允许装钉,装钉后严禁对人。

6)射击的基体必须稳固坚实,并已有抵抗射击冲力的刚度。扣动扳机后如发现子弹不发火,应再次按于基体上扣动扳机,如仍不发火,仍保持原射击位置数秒后,再来回拉伸枪管,使下一颗子弹进入枪膛,再扣动扳机。

7)射钉枪用完后,应注意保存。

对于面积较大的玻璃板，安装时应用玻璃吸盘器吸住玻璃，再用手握住吸盘器将玻璃提起来安装，如图 3—6 所示。

图 3—6　大面积玻璃板用吸盘器安装

（4）木压条的安装形式有多种，常见的四种安装形式如图3—7所示。

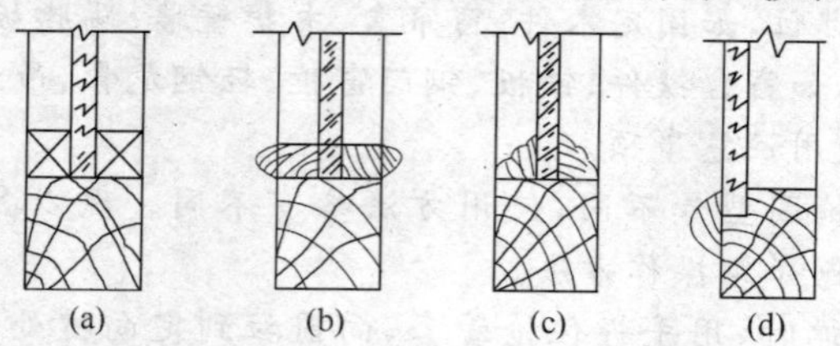

图 3—7　木压条固定玻璃板的几种形式

2. 玻璃与金属方框架的安装

（1）玻璃与金属方框架安装时，先要安装玻璃靠住线条，靠住线条可以是金属角线也可以是金属槽线。固定靠住线条通常是用自攻螺钉。

（2）根据金属框架的尺寸裁割玻璃，玻璃与框架的结合不能太紧密，应该按小于框架 3～5 mm 的尺寸裁割玻璃。

（3）安装玻璃前，应在框架下部的玻璃放置面上，涂一层厚 2 mm的玻璃胶。玻璃安装后，玻璃的底边就压在玻璃胶层上。或者，放置一层橡胶垫，玻璃安装后，底边压在橡胶垫上。

（4）把玻璃放入框内，并靠在靠位线条上。如果玻璃面积较大，应用玻璃吸盘器安装。玻璃板距金属框两侧的缝隙相等，并在缝隙中注入玻璃胶，然后安装封边压条。

如果封边压条是金属槽条，而且为了表面美观不得直接用自攻钉丝固定时，可采用先在金属框上固定木条，然后在木条上涂环氧树脂胶（万能胶），把不锈钢槽条或铝合金槽条卡在木条上，以达到装饰目的。如果没有特殊要求，可用自攻螺钉直接将压条槽固定在框架上。常用的自攻螺钉为 M4 或 M5。安装时应注意以下几点。

1）先在槽条上打孔，然后通过此孔在框架上打孔，这样安装就不会走位。

2）打孔钻头要小于自攻螺丝直径 0.8 mm。

3）在全部槽条的安装孔位都打好后，再进行玻璃的安装。玻璃的安装方式，如图 3—8 所示。

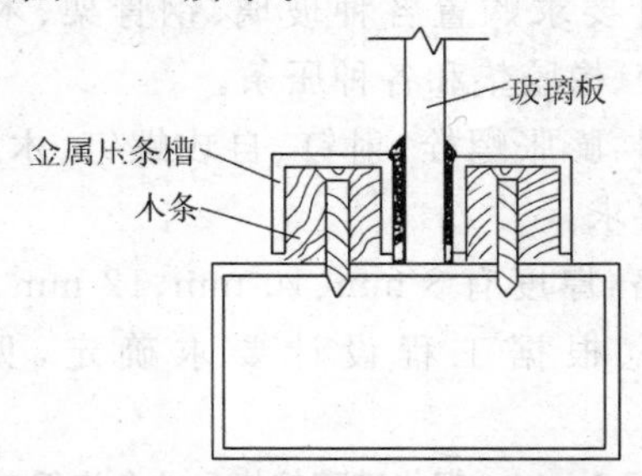

图 3—8　金属框架上的玻璃安装

3. 玻璃板与不锈钢圆柱框的安装

目前，采用不锈钢圆柱框的较多，玻璃板与其安装形式主要有两种：一种是玻璃板四周是不锈钢槽，其两边为圆柱，如图 3—9(a)所示；另一种是玻璃板两侧是不锈钢槽与柱，上下是不锈钢管，且玻璃底边由不锈钢管托住，如图 3—9(b)所示。

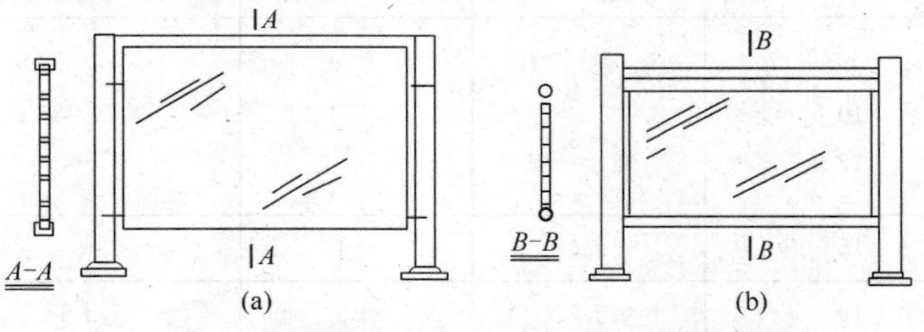

图 3—9　玻璃板与不锈钢圆柱的安装形式

玻璃板四周不锈钢槽固定的操作方法为：

(1)先在内径宽度略大于玻璃厚度的不锈钢槽上画线，并在角位处开出对角口，对角口用专用剪刀剪出，并用什锦锉修边，使对角口合缝严密。

(2)在对好角位的不锈钢槽框两侧，相隔 200～300 mm 的间距钻孔。钻头要小于所用自攻螺丝 0.8 mm。在不锈钢柱上面画出定位线和孔位线，并用同一钻孔头在不锈钢柱上的孔位处钻孔。再用平头自攻螺钉，把不锈钢槽框固定在不锈钢柱上。

【技能要点 2】玻璃板隔墙施工

1. 材料要求

(1)根据设计要求购置各种玻璃、钢骨架、木龙骨(60 mm×120 mm)、玻璃胶、橡胶垫和各种压条。

(2)紧固材料：膨胀螺栓、射钉、自攻螺钉、木螺钉和粘贴嵌缝料，应符合设计要求。

(3)玻璃规格：厚度有 8 mm、10 mm、12 mm、15 mm、18 mm、22 mm 等。长宽根据工程设计要求确定，见表 3—14～表 3—18。

表 3—14　钢化玻璃规格尺寸允许偏差　(单位：mm)

厚度＼边长度 L	$L\leqslant 1\,000$	$1\,000<L\leqslant 2\,000$	$2\,000<L\leqslant 3\,000$
4 5 6	+1 −2	±3	±4
8 10 12	+2 −3	—	—
15	±4	±4	—
19	±5	±5	±6

表 3—15　钢化玻璃厚度及其允许偏差　　(单位:mm)

名称	厚度	厚度允许偏差
钢化玻璃	4.0	±0.3
	5.0	
	6.0	
	8.0	±0.6
	10.0	
钢化玻璃	12.0	±0.8
	15.0	
	19.0	±1.2

表 3—16　钢化玻璃的孔径允许偏差　　(单位:mm)

公称孔径	允许偏差
4～50	±1.0
51～100	±2.0
＞100	供需双方商定

表 3—17　普通平板玻璃的厚度允许偏差　　(单位:mm)

厚度	允许偏差	厚度	允许偏差
2	±0.20	4	±0.20
3	±0.20	5	±0.25

表 3—18　普通平板玻璃外观质量要求

缺陷种类	说明	优等品	一等品	合格品
波筋(包括纹辊子花)	不产生变形的最大入射角	60°	45°50 mm 边部,30°	30°100 mm,边部,0°
气泡	长度 1 mm 以下的	集中的不允许	集中的不允许	不限
	长度大于 1 mm 的每平方米允许个数	≤6 mm,6	≤8 mm,8 ＞8～10 mm,2	≤10 mm,12 ＞10～20 mm,2 ＞20～25 mm,1

续上表

缺陷种类	说明	优等品	一等品	合格品
划伤	宽≤0.1 mm 每平方米允许条数	长≤50 mm，3	长≤100 mm，5	不限
	宽>0.1 mm 平方米允许条数	不许有	宽≤0.4 m 长<100 mm	宽≤0.8 mm 长<100 mm
砂粒	非破坏性的，直径 0.5～2 mm，每平方米允许个数	不许有	3	8
疙瘩	非破坏性的疙瘩波及范围直径不大于 3 mm，每平方米允许个数	不许有	1	3
线道	正面可以看到的每片玻璃允许条数	不许有	30 mm 边部 宽≤0.5 mm	宽≤0.5 mm 2
麻点	表面呈现的集中麻点	不许有	不许有	每平方米 不超过 3 处
	稀疏的麻点，每平方米允许个数	10	15	30

2. 弹线

根据楼层设计标高水平线，顺墙高量至顶棚设计标高，沿墙弹隔断垂直标高线及天地龙骨的水平线，并在天地龙骨的水平线上划好龙骨的分档位置线。

3. 大龙骨安装

天地龙骨安装：先根据设计要求固定天地龙骨，如无设计要求时，可以用 $\phi8$～$\phi12$ 膨胀螺栓或 10～16 cm 钉子固定，膨胀螺栓固定点间距 600～800 mm。安装前作好防腐处理。

沿墙边龙骨安装：根据设计标高固定边龙骨，边龙骨应启抹灰收口槽，如无设计要求时，可以用 $\phi8$～$\phi12$ 膨胀螺栓或 10～16 cm 钉子固定，固定点间距 600～800 mm。安装前做好防腐处理。

4. 中龙骨安装

根据设计要求按分档线位置固定中龙骨，用 13cm 的铁钉固定，龙骨每端固定应不少于 3 颗钉子，钢龙骨用专用卡具或拉铆钉固定，必须安装牢固。

铆固工具介绍

1. 风动拉铆枪

适用于铆接抽芯铝铆钉用的风动工具。

(1)特点。

风动拉铆枪其特点是质量轻，操作简便，没有噪声，同时，拉铆速度快，生产效率高。

(2)用途。

广泛用于车辆、船舶、纺织、航空、建筑装饰、通风管道等行业。

(3)基本参数。

1)工作气压：0.3～0.6 MPa。

2)工作拉力：3 000～7 200 N。

3)铆接直径：3.0～5.5 mm 的空芯铝铆钉。

4)风管内径：10 mm。

5)枪身质量：2.25 kg。

2. 风动增压式拉铆枪(FZIM－1 型)

适用于拉铆空芯铝铆钉。

(1)特点。

风动增压式拉铆枪，其特点是质量轻、功率大、工效高，铆接操作简便。

(2)用途。

广泛适用于车辆、船舶、纺织、航空、通风管道、建筑装修等行业。

(3)基本参数。

1)工作气压：0.3～0.6 MPa。

2)工作油压:8.5～17 MPa。

3)增压活塞行程:127 mm。

4)生产拉力:5 000～10 000 N。

5)铆枪头拉伸行程:21 mm。

6)风管内径:10 mm。

7)枪身质量:1.0 kg。

5. 小龙骨安装

根据设计要求按分档线位置固定小龙骨,用扣榫或钉子固定。必须安装牢固。安装中龙骨前,也可以根据安装玻璃的规格在小龙骨上安装玻璃槽。

6. 安装玻璃

根据设计要求按玻璃的规格安装在小龙骨上;如用压条安装时,先固定玻璃一侧的压条,并用橡胶垫垫在玻璃下方,再用压条将玻璃固定;如用玻璃胶直接固定玻璃,应将玻璃先安装在小龙骨的预留槽内,然后用玻璃胶封闭固定。

7. 打玻璃胶

打胶前,应先将玻璃的注胶部位擦拭干净,晾干后沿玻璃四周粘上纸胶带,根据设计要求将各种玻璃胶均匀地打在玻璃与小龙骨之间。待玻璃胶完全干燥后撕掉纸胶带。

8. 安装压条

根据设计要求将各种规格材质的压条,用直钉或玻璃胶固定在小龙骨上,钢龙骨用胶条或玻璃胶固定。

9. 玻璃隔墙构造

玻璃隔墙构造如图 3—10 所示。

10. 施工注意事项

(1)注意玻璃的运输和保管。运输中应轻拿轻放,侧抬侧立并互相绑牢,不得平抬平放。堆放处应平整,下垫 100 mm×100 mm 木方,板应侧立,垫木方距板端 50 cm。

(2)各种材料应分类存放,并挂牌标明材料名称、规格,切勿用错。胶、粉、料应储存于干燥处，严禁受潮。

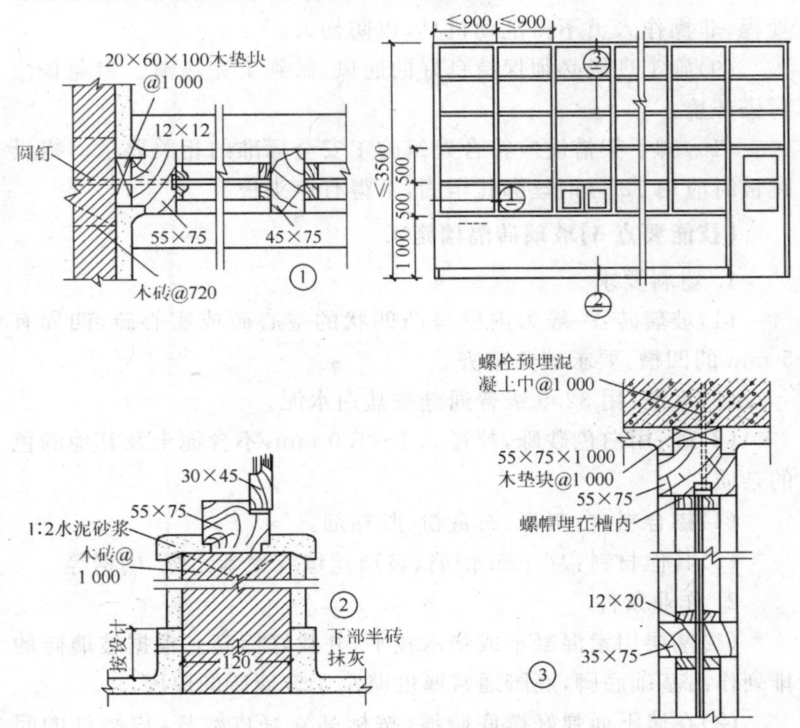

图 3—10　玻璃隔墙构造(单位:mm)

(3)木骨架、玻璃等材料，在进场、存放、搬运、使用过程中，应妥善管理，使其不受潮、不变形、不污染、不损坏、不丢失。

(4)其他专业的材料不得置于已安装好的木龙骨和玻璃上。

(5)安装木龙骨及玻璃时，应注意保护顶棚、墙内已安装好的各种管线；木龙骨的天龙骨不准固定在通风管道及其他设备上。

(6)已施工完毕的门窗、地面、墙面、窗台等成品应注意保护，防止损坏。

(7)有噪声的电动工具应在规定的作业时间内施工，防止噪声污染、扰民。

(8)所用机电器具必须安装漏电保护装置，每日开机前，检查其工作状态是否良好,发现问题及时修理、更换。使用时遵守操作规程,非操作人员不得乱动机具,以防伤人。

(9)施工现场必须保持良好的通风,做到工完场清。避免扬尘污染环境。

(10)脚手架搭设应符合建筑施工安全标准的相关要求。搭设跳板时应用12号钢丝绑扎牢固,不得有探头板。

【技能要点3】玻璃砖隔墙施工

1. 材料要求

(1)玻璃砖:一般为内壁呈凸凹状的空心砖或实心砖,四周有5 mm的凹槽,要求棱角整齐。

(2)水泥:用32.5级普通硅酸盐白水泥。

(3)砂:用白色砂砾,粒径0.1～1.0 mm,不含泥土及其他颜色的杂质。

(4)掺合料:白灰膏、石膏粉、胶黏剂。

(5)其他材料:ϕ6 mm钢筋、玻璃丝毡或聚苯乙烯、槽钢等。

2. 作业条件

(1)基层用素混凝土或垫木找平,并找好标高。根据玻璃砖的排列作出基础底脚,底脚通常厚度略小于玻璃砖的厚度。

(2)在墙下面弹好撂底砖线,按标高立好皮数杆,皮数杆的间距以15～20 m为合适。

(3)按设计图对墙的尺寸要求,将与玻璃砖隔墙相接的建筑墙面的侧边整修平整垂直,并在玻璃砖墙四周弹好墙身线、门窗洞口位置线及其他尺寸线,办完预检手续。

(4)当玻璃砖砌筑在金属或木质框架中,则应先安装固定好墙顶及两侧的槽钢或木框。

3. 施工要点

(1)组砌方法一般采用十字缝立砖砌筑。

(2)玻璃砖应预先挑选棱角整齐、规格基本相同、砖的对角线基本一致、表面无裂纹的砖备用。

(3)按弹好的玻璃砖位置线,核对玻璃砖墙长度尺寸是否符合排砖模数，如不符合，应适当调整砖墙两侧的槽钢或木框的宽度及砖缝的宽度，墙两侧调整的宽度要一致，同时与砖墙上部槽钢调整后的宽度也尽量保持一致。

(4)砌筑应双面挂线。如玻璃砖墙较长，则应在中间设几个支点，找好线的标高，使全长高度一致。每层玻璃砖砌筑时均需挂平线，并穿线看平，使水平灰缝平直通顺、均匀一致。

(5)砌砖采取通长分层砌筑。首层撂底砖要按下面弹好的线砌筑。在砌筑砖墙两侧的第一块砖时，将玻璃丝毡(或聚苯乙烯)嵌入两侧的边框内。玻璃丝毡(或聚苯乙烯)随着玻璃砖墙的增高而嵌置到顶部，接头采用对接。在一层玻璃砖砌筑完毕后，用透明塑料胶带将玻璃砖墙立缝处贴牢，然后往立缝内灌入砂浆并捣实。

(6)玻璃砖墙层与层之间应放置 ϕ6 mm 双排钢筋网，对接位置可设在玻璃砖的中央。最上一层玻璃砖砌筑在墙中部收头。顶部槽钢内亦放置玻璃丝毡(或聚苯乙烯)。

(7)砌筑时水平灰缝和竖向宽度一般控制为 8～10 mm。划缝随灌完立缝砂浆随划，划缝深度为 8～10 mm，要求深浅一致，清扫干净，划缝过 2～3 h 后，即可勾缝。勾缝砂浆内掺入水泥重 2% 的石膏粉，以加速凝结。

(8)为了保证玻璃砖隔墙的平整性和砌筑方便，每层玻璃砖在砌筑之前，宜在玻璃砖上放置垫木块，如图 3—11 所示。其长度有两种：玻璃砖厚度为 50 mm 时，木垫块长 35 mm 左右；玻璃砖厚度为 80 mm 时，木垫块长 60 mm 左右。每块玻璃砖上放 2 块，如图 3—12所示，卡在玻璃砖的凹槽内。

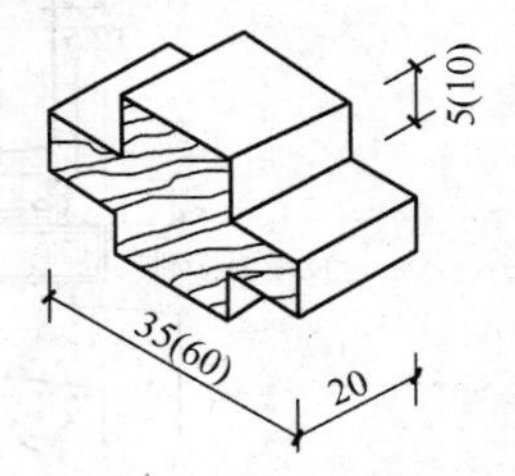

图 3—11　木垫块(单位：mm)

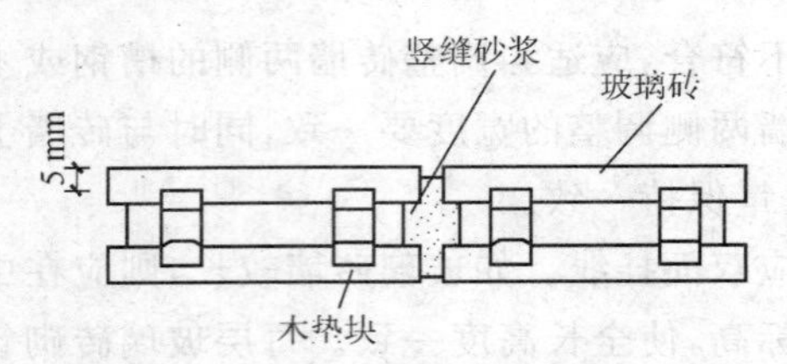

图 3—12　玻璃砖的安装方法

(9)砌筑时，将上层玻璃砖下压在下层玻璃砖上，同时使玻璃砖的中间槽卡在木垫块上，两层玻璃砖的间距为 5～8 mm，如图 3—13 所示。

缝中承力钢筋间隔小于 650 mm，伸入竖缝和横缝，并与玻璃砖上下、两侧的框体和结构体牢固连接，如图 3—14 所示。

4. 施工注意事项

(1)玻璃砖不应堆放过高，防止打碎伤人。

(2)在脚手架上砌墙时，盛灰桶装灰容量不得超过其容积的 2/3。

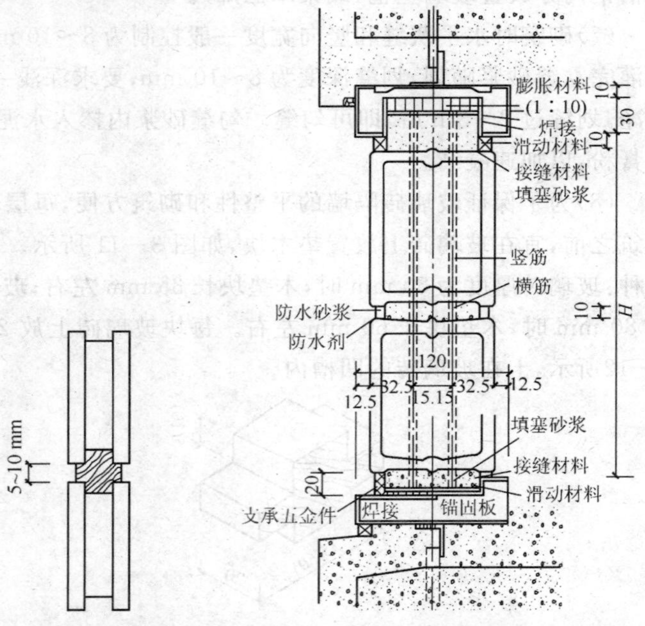

图 3—13　玻璃砖上下的安装位置　图 3—14　玻璃砖墙砌筑组合图(单位：mm)

(3)保持玻璃砖墙表面的清洁,随砌随清理干净。

(4)玻璃砖墙砌筑完成,在进行下道工序前,应在距墙两侧各100～200 mm 处搭设木架柱钢丝网,以防止碰坏已砌好的玻璃砖墙。

(5)施工现场必须工完场清。现场设专人洒水、打扫,不能扬尘污染环境。

(6)有噪声的电动工具应在规定的作业时间内施工,防止噪声污染、扰民。

(7)机电器具必须安装触电保护装置,每日开机前,检查其工作状态是否良好,发现问题及时修理、更换。

(8)遵守操作规程,非操作人员决不准乱动机具,以防伤人。

【技能要点4】质量标准

1. 一般规定

同一品种的玻璃砖隔墙工程每50间(大面积房间和走廊按玻璃砖隔墙的墙面30 m^2 为一间)应划分为一个检验批,不足50间也应划分为一个检验批。

每个检验批应至少抽查20%,并不得少于6间;不足6间时应全数检查。

2. 主控项目

(1)玻璃隔墙工程所用材料的品种、规格、性能、图案和颜色应符合设计要求。玻璃板隔墙应使用安全玻璃。

检验方法:观察;检查产品合格证书、进场验收记录和性能检测报告。

(2)玻璃砖隔墙的砌筑或玻璃板隔墙的安装方法应符合设计要求。

检验方法:观察。

(3)玻璃砖隔墙砌筑中埋设的拉结筋必须与基体结构连接牢固,并应位置正确。

检验方法:手扳检查;尺量检查;检查隐蔽工程验收记录。

(4)玻璃板隔墙的安装必须牢固。玻璃隔墙胶垫的安装应正确。

检验方法:观察;手推检查;检查施工记录。

3. 一般项目

(1)玻璃隔墙表面应色泽一致、平整洁净、清晰美观。

检验方法:观察。

(2)玻璃隔墙接缝应横平竖直,玻璃应无裂痕、缺损和划痕。

检验方法:观察。

(3)玻璃板隔墙嵌缝及玻璃砖隔墙勾缝应密实平整、均匀顺直、深浅一致。

检验方法:观察。

(4)玻璃隔墙安装的允许偏差和检验方法应符合表3—19的规定。

表3—19　玻璃隔墙安装的允许偏差和检验方法

项次	项目	允许偏差(mm)		检验方法
		玻璃砖	玻璃板	
1	立面垂直度	3	2	用2 m垂直检测尺检查
2	表面平整度	3	—	用2 m靠尺和塞尺检查
3	阴阳角方正	—	2	用直角检测尺检查
4	接缝直线度	—	2	拉5m线,不足5m拉通线,用钢直尺检查
5	接缝高低差	3	2	用钢直尺和塞尺检查
6	接缝宽度	—	1	用钢直尺检查

第四章　细部工程施工技术

第一节　门窗套制作与安装

【技能要点1】材料要求

(1)木材的树种、材质等级、规格应符合设计图纸要求及有关施工及验收规范的规定。

(2)龙骨料一般用红、白松烘干料,含水率不大于12%,材质不得有腐朽、超断面1/3的节疤、劈裂、扭曲等疵病,并预先经防腐处理。

(3)面板一般采用胶合板(切片板或旋片板),厚度不小于3 mm(也可采用其他贴面板材),颜色、花纹要尽量相似。用原木材作面板时,含水率不大于12%,板材厚度不小于15 mm;要求拼接的板面、板材厚度不少于20 mm,且要求纹理顺直、颜色均匀、花纹近似,不得有节疤、裂缝、扭曲、变色等疵病。

(4)辅料。

1)防潮卷材:油纸、油毡,也可用防潮涂料。

2)胶黏剂、防腐剂:乳胶、氟化钠(纯度应在75%以上,不含游离氟化氢和石油沥青)。

3)钉子:长度规格应是面板厚度的2～2.5倍;也可用射钉。

【技能要点2】施工要点

1.找位与划线

木门窗套安装前,应根据设计图要求,先找好标高、平面位置、竖向尺寸进行弹线。

2.核查预埋件及洞口

弹线后检查预埋件、木砖是否符合设计及安装的要求,主要检查排列间距、尺寸、位置是否满足钉装龙骨的要求；测量门窗及其他洞口位置、尺寸是否方正垂直，与设计要求是否相符。

3.铺、涂防潮层

设计有防潮要求的木门窗套，在钉装龙骨时应压铺防潮卷材，或在钉装龙骨前进行涂刷防潮层的施工。

4.龙骨配制与安装

木门窗套龙骨：根据洞口实际尺寸，按设计规定骨架料断面规格，可将一侧木门窗套骨架分三片预制，洞顶一片、两侧各一片。每片一般为两根立杆，当筒子板宽度大于 500 mm，中间应适当增加立杆。横向龙骨间距不大于 400 mm；面板宽度为 500 mm 时，横向龙骨间距不大于 300 mm。龙骨必须与固定件钉装牢固，表面应刨平，安装后必须平、正、直。防腐剂配制与涂刷方法应符合有关规范的规定。

5. 钉装面板

(1)面板选色配纹：全部进场的面板材，使用前按同房间、临近部位的用量进行挑选，使安装后从观感上木纹、颜色近似一致。

(2)裁板配制：安龙骨排尺，在板上划线裁板，原木材板面应刨净；胶合板、贴面板的板面严禁刨光，小面皆须刮直。面板长向对接配制时，必须考虑接头位于横龙骨处。原木材的面板背面应做卸力槽，一般卸力槽间距为 100 mm，槽宽 10 mm，槽深 4～6 mm，以防板面扭曲变形。

(3)面板安装。

1)面板安装前，对龙骨位置、平直度、钉设牢固情况，防潮构造要求等进行检查，合格后进行安装。

2)面板配好后进行安装，面板尺寸、接缝、接头处构造完全合适，木纹方向、颜色的观感尚可的情况下，才能进行正式安装。

3)面板接头处应涂胶与龙骨钉牢，钉固面板的钉子规格应适宜，钉长约为面板厚度的 2～2.5 倍，钉距一般为 100 mm，钉帽应砸扁，并用尖冲子将钉帽顺木纹万向冲入面板表面下 1～2 mm。

4)钉贴脸：贴脸料应进行挑选、花纹、颜色应与框料、面板近似。贴脸规格尺寸、宽窄、厚度应一致，接槎应顺平无错槎。

【技能要点3】施工注意事项

(1)各种电动工具使用前要检查，严禁非电工接电。

(2)施工现场内严禁吸烟，明火作业要有动火证，并设置看火人员。

(3)安装前应设置简易防护栏杆，防止施工时意外摔伤。

(4)细木制品进场后，应贮存在室内仓库或料棚中，保持干燥、通风，并按成品的种类、规格搁置在垫木上水平堆放。

(5)配料应在操作台上进行，不得直接在没有保护措施的地面上操作。

(6)操作时窗台板上应铺垫保护层，不得直接站在窗台板上操作。

(7)木门窗套安装后，应及时刷一道底漆，以防干裂或污染。

(8)为保护细木成品，防止碰坏或污染，尤其出入口处应加保护措施，如装设保护条、护角板、塑料贴膜，并设专人看管等。

【技能要点4】质量标准

1. 一般规定

每个检验批应至少抽查3间(处)，不足3间(处)时应全数检查。

2. 主控项目

(1)门窗套制作与安装所使用材料的材质、规格、花纹和颜色、木材的燃烧性能等级和含水率、花岗石的放射性及人造木板的甲醛含量应符合设计要求及国家现行标准的有关规定。

检验方法：观察；检查产品合格证书、进场验收记录、性能检测报告和复验报告。

(2)门窗套的造型、尺寸和固定方法应符合设计要求，安装应牢固。

检验方法：观察；尺量检查；手扳检查。

3. 一般项目

(1)门窗套表面应平整、洁净、线条顺直、接缝严密、色泽一致，不得有裂缝、翘曲及损坏。

检验方法：观察。

(2)门窗套安装的允许偏差和检验方法应符合表4—1的规定。

表4—1　门窗套安装的允许偏差和检验方法

项次	项目	允许偏差(mm)	检验方法
1	正、侧面垂直度	3	用1 m垂直检测尺检查
2	门窗套上口水平度	1	用1 m水平检测尺和塞尺检查
3	门窗套上口直线度	3	拉5 m线，不足5 m拉通线，用钢直尺检查

第二节　护栏和扶手制作与安装

【技能要点1】材料要求

(1)木制扶手一般用硬杂木加工成规格成品，其树种、规格、尺寸、形状按设计要求。木材质量均应纹理顺直、颜色一致，不得有腐朽、节疤、裂缝、扭曲等缺陷；含水率不得大于12%。弯头料一般采用扶手料，以45°角断面相接，断面特殊的木扶手按设计要求备弯头料。

(2)塑料扶手(聚氯乙烯扶手料)系化工塑料产品；断面形式、规格尺寸及色彩按设计要求选用。

(3)黏结料：可以用动物胶(鳔)，一般多用聚酯酸乙烯(乳胶)等化学胶黏剂。

(4)其他材料：木螺钉、木砂纸、加工配件。

【技能要点2】木扶手

1.找位与画线

(1)安装扶手的固定件：位置、标高、坡度找位校正后，弹出扶手纵向中心线。

(2)按设计扶手构造,根据折弯位置、角度,划出折弯或割角线。

(3)楼梯栏板和栏杆顶面,划出扶手直线段与弯头、折弯段的起点和终点的位置。

2.弯头配制

(1)按栏板或栏杆顶面的斜度,配好起步弯头,一般木扶手,可用扶手料割配弯头,采用割角对缝粘接,在断块割配区段内最少要考虑3个螺钉与固定件连接固定。大于70 mm断面的扶手接头配制后,除黏结外,还应在下面做暗榫或用铁件铆固。

(2)整体弯头制作:先做足尺大样的样板,并与现场划线核对后,在弯头料上按样板划线,制成雏型毛料(毛料尺寸一般大于设计尺寸约10 mm)。按划线位置预装,与纵向直线扶手端头黏结,制作的弯头下面刻槽,与栏杆扁钢或固定件紧贴结合。

3.连接预装

预制木扶手须经预装,预装木扶手由下往上进行,先预装起步弯头及连接第一跑扶手的折弯弯头,再配上下折弯之间的直线扶手料,进行分段预装黏结,黏结时操作环境温度不得低于5℃。

4.固定

分段预装检查无误,进行扶手与栏杆(栏板)上固定件,用木螺钉拧紧固定,固定间距控制在400 mm以内,操作时应在固定点处,先将扶手料钻孔,再将木螺钉拧入,不得用锤子直接打入,螺帽达到平正。

5.整修

扶手折弯处如有不平顺,应用细木锉锉平,找顺磨光,使其折角线清晰。坡角合适,弯曲自然、断面一致,最后用木砂纸打光。

【技能要点3】塑料扶手(聚氯乙烯扶手)

(1)找位与画线:按设计要求及选配的塑料扶手料,核对扶手支承的固定件、坡度、尺寸规格、转角形状找位、画线确定每段转角折线点,直线段扶手长度。

(2)弯头配制:一般塑料扶手,用扶手料割角配制。

(3)连接预装:安装塑料扶手,应由每跑楼梯扶手栏杆(栏板)的上端,设扁钢,将扶手料固定槽插入支承件上,从上向下穿入,即可使扶手槽紧握扁钢。直线段与上下折弯线位置重合,拼合割制折弯料相接。

(4)固定:塑料扶手主要靠扶手料槽插入支承扁钢件抱紧固定,折弯处与直线扶手端头加热压粘,也可用乳胶与扶手直线段粘接。

(5)整修:黏结硬化后,折弯处用木锉锉平磨光,整修平顺。

【技能要点4】施工注意事项

(1)各种电动工具使用前要检查,严禁非电工接电。

(2)施工现场内严禁吸烟,明火作业要有动火证,并设置看火人员。

(3)对各种木方、夹板饰面板分类堆放整齐,保持施工现场整洁。

(4)安装前应设置简易防护栏杆,防止施工时意外摔伤。

(5)安装扶手时,应保护楼梯栏杆、楼梯踏步和操作范围内已施工完的项目。

(6)木扶手安装完毕后,宜刷一道底漆,且应加包裹,以免撞击损坏和受潮变色。

(7)塑料扶手安装后应及时包裹保护。

【技能要点5】质量标准

1. 一般规定

每个检验批的护栏和扶手应全部检查。

2. 主控项目

(1)护栏和扶手制作与安装所使用材料的材质、规格、数量和木材、塑料的燃烧性能等级应符合设计要求。

检验方法:观察;检查产品合格证书、进场验收记录和性能检测报告。

(2)护栏和扶手的造型、尺寸及安装位置应符合设计要求。

检验方法:观察;尺量检查;检查进场验收记录。

(3)护栏和扶手安装预埋件的数量、规格、位置以及护栏与预埋件的连接节点应符合设计要求。

检验方法:检查隐蔽工程验收记录和施工记录。

(4)护栏高度、栏杆间距、安装位置必须符合设计要求。护栏安装必须牢固。

检验方法:观察;尺量检查;手扳检查。

(5)护栏玻璃应使用公称厚度不小于12 mm的钢化玻璃或钢化夹层玻璃。当护栏一侧距楼地面高度为5 m及以上时,应使用钢化夹层玻璃。

检验方法:观察;尺量检查;检查产品合格证书和进场验收记录。

3. 一般项目

(1)护栏和扶手转角弧度应符合设计要求,接缝应严密,表面应光滑,色泽应一致,不得有裂缝、翘曲及损坏。

检验方法:观察;手摸检查。

(2)护栏和扶手安装的允许偏差和检验方法应符合表4—2的规定。

表4—2　护栏和扶手安装的允许偏差和检验方法

项次	项目	允许偏差(mm)	检验方法
1	护栏垂直度	3	用1m垂直检测尺检查
2	栏杆间距	3	用钢尺检查
3	扶手直线度	4	拉通线,用钢直尺检查
4	扶手高度	3	用钢尺检查

第三节　花饰安装工程

【技能要点1】一般规定

(1)材料品种规格图案固定方法和砂浆种类应符合设计要求。

(2)基体应有足够的强度、稳定性和刚度,其表面质量应符合现行的规范和有关规定。

(3)饰面板砖应镶贴平整,接缝宽度应符合设计要求,并填嵌密实。

(4)夏季镶贴室外饰面板、砖应注意防止曝晒。冬季施工砂浆的使用温度不得低于5℃,砂浆硬化前应采取防冻措施饰面工程镶贴后应采取保护措施。

(5)凡是采用木螺钉和螺栓进行固定的花饰,如体积较大的重型的水泥砂浆、水刷石、剁斧石、木质浮雕、玻璃钢、石膏及金属花饰等,应配合土建施工,事先在基体内预埋木砖、铁件或是预留孔洞。如果是预留孔洞,其孔径一般应比螺栓等紧固件的直径大出12～16 mm,以便安装时进行填充作业,孔洞形状宜呈底部大口部小的锥形孔。弹线后,必须复核预埋件及预留孔洞的数量、位置和间距尺寸;检查预埋件是否埋设牢固;预埋件与基层表面是否突出或内陷过多。同时要清除预埋铁件的锈迹,不论木砖或铁件,均应经防腐、防锈处理。

(6)在抹灰面上安装花饰时,应待抹灰层硬化固结后进行。安装镶贴花饰前,要浇水润湿基层。但如采用胶合剂粘贴花饰时,应根据所采用的胶黏剂使用要求确定基层处理方法。

(7)在基层处理妥当后并经实测定位,一般即可正式安装花饰。但如若花饰造型复杂,其分块安装或图案拼镶要求较高并具有一定难度时,必须按照设计及花饰制品的图案要求,并结合建筑部位的实际尺寸,进行预安装。预安装的效果经有关方面检查合格后,将饰件编号并顺序堆放。对于较复杂的花饰图案在较重要的部位安装时,宜绘制大样图,施工时将单体饰件对号排布,要保证准确无误。

【技能要点2】预制花饰安装

1. 基层处理与弹线

(1)安装花饰的基体或基层表面应清理洁净、平整,要保证无灰尘、杂物及凹凸不平等现象。如遇有平整度误差过大的基面,可用手持电动机具打磨或用砂纸磨平。

(2)按照设计要求的位置和尺寸,结合花饰图案,在墙、柱或顶棚上进行实测并弹出中心线、分格线或相关的安装尺寸控制线。

(3)凡是采用木螺钉和螺栓进行固定的花饰,如体积较大的重型的水泥砂浆、水刷石、剁斧石、木质浮雕、玻璃钢、石膏及金属花饰等,应配合土建施工,事先在基体内预埋木砖、铁件或是预留孔洞。如果是预留孔洞,其孔径一般应比螺栓等紧固件的直径大出12～16 mm,以便安装时进行填充作业,孔洞形状宜呈底部大口部小的锥形孔。弹线后,必须复核预埋件及预留孔洞的数量、位置和间距尺寸;检查预埋件是否埋设牢固;预埋件与基层表面是否突出或内陷过多。同时要清除预埋铁件的锈迹,不论木砖或铁件,均应经防腐、防锈处理。

(4)在基层处理妥当后并经实测定位,一般即可正式安装花饰。但如若花饰造型复杂,其分块安装或图案拼镶要求较高并具有一定难度时,必须按照设计及花饰制品的图案要求,并结合建筑部位的实际尺寸,进行预安装。预安装的效果经有关方面检查合格后,将饰件编号并顺序堆放。对于较复杂的花饰图案在较重要的部位安装时,宜绘制大样图,施工时将单体饰件对号排布,要保证准确无误。

(5)在抹灰面上安装花饰时,应待抹灰层硬化固结后进行。安装镶贴花饰前,要浇水润湿基层。但如采用胶合剂粘贴花饰时,应根据所采用的胶黏剂使用要求确定基层处理方法。

2. 安装方法及工艺

花饰粘贴法安装:一般轻型花饰采用粘贴法安装。粘贴材料根据花饰材料的品种选用。

(1)水泥砂浆花饰和水泥水刷石花饰,使用水泥砂浆或聚合物水泥砂浆粘贴。

(2)石膏花饰宜用石膏灰或水泥浆粘贴。

(3)木制花饰和塑料花饰可用胶黏剂粘贴,也可用钉固的方法。

(4)金属花饰宜用螺丝固定,根据构造可选用焊接安装。

(5)预制混凝土花格或浮面花饰制品,应用 1∶2 水泥砂浆砌筑,拼块的相互间用钢销子系固,并与结构连接牢固。

3. 螺钉固定法

(1)在基层薄刮水泥砂浆一道,厚度 2～3 mm。

(2)水泥砂浆花饰或水刷石等类花饰的背面,用水稍加湿润,然后涂抹水泥砂浆或聚合物水泥砂浆,即将其与基层紧密贴敷。在镶贴时,注意把花饰上的预留孔眼对准预埋的木砖,然后拧上铜质、不锈钢或镀锌螺钉,要松紧适度。安装后用 1∶1 水泥砂浆或水泥素浆将螺钉孔眼及花饰与基层之间的缝隙嵌填密实,表面再用与花饰相同颜色的彩色(或单色)水泥浆或水泥砂浆修补至不留痕迹。修整时,应清除接缝周边的余浆,最后打磨光滑洁净。

(3)石膏花饰的安装方法与上述相同,但其与基层的黏结宜采用石膏灰、黏结石膏材料或白水泥浆;堵塞螺钉孔及嵌补缝隙等修整修饰处理也宜采用石膏灰、嵌缝石膏腻子。用木螺钉固定时不应拧得过紧,以防止损伤石膏花饰。

(4)对于钢丝网结构的吊顶或墙、柱体,其花饰的安装,除按上述做法外,对于较重型的花饰应事先有预设铜丝,安装时将其预设的铜丝与骨架主龙骨绑扎牢固。

4. 螺栓固定法

(1)通过花饰上的预留孔,把花饰穿在建筑基体的预埋螺栓上。如不设预埋,也可采用胀铆螺栓。

(2)采用螺栓固定花饰的做法中,一般要求花饰与基层之间应保持一定间隙,而不是将花饰背面紧贴基层,通常要留有 30～50 mm的缝隙,以便灌浆。这种间隙灌浆的控制方法是:在花饰与基层之间放置相应厚度的垫块,然后拧紧螺母。设置垫块时应考虑支模灌浆方便,避免产生空鼓。花饰安装时,应认真检查花饰图案的完整和平直、端正,合格后,如果花饰的面积较大或安装高度较高时,还要采取临时支撑稳固措施。

(3)花饰临时固定后,用石膏将底线和两侧的缝隙堵住,即用 1∶(2～2.5)水泥砂浆(稠度为 8～12 cm)分层灌注。每次灌浆高度约为 10 cm,待其初凝后再继续灌注。在建筑立面上按照图案组合的单元,自下而上依次安装、固定和灌浆。

(4)待水泥砂浆具有足够强度后,即可拆除临时支撑和模板。此时,还须将灌浆前堵缝的石膏清理掉,而后沿花饰图案周边用1∶1水泥砂浆将缝隙填塞饱满和平整,外表面采用与花饰相同颜色的砂浆嵌补,并保证不留痕迹。

(5)上述采用螺栓安装并加以灌浆稳固的花饰工程,主要是针对体积较大较重型的水泥砂浆花饰、水刷石及剁斧石等花饰的墙面安装工程。对于较轻型的石膏花饰或玻璃钢花饰等采用螺栓安装时,一般不采用灌浆做法,将其用黏结材料粘贴到位后,拧紧螺栓螺母即可。

5. 胶合剂粘贴法

较小型、轻型细部花饰,多采用粘贴法安装。有时根据施工部位或使用要求,在以胶合剂镶贴的同时再辅以其他固定方法,以保证安装质量及使用安全,这是花饰工程应用最普遍的安装施工方法。粘贴花饰用的胶合剂,应按花饰的材质品种选用。对于现场自行配制的黏结材料,其配合比应由试验确定。

目前成品胶合剂种类繁多,如前述环氧树脂类胶合剂,可适用混凝土、玻璃、砖石、陶瓷、木材、金属等花饰及其基层的粘贴;聚异氰酸酯胶合剂及白乳胶,可用于塑料、木质花饰与水泥类基层的黏结;氯丁橡胶类的胶合剂也可用于多种材质花饰的粘贴。此外还有通用型的建筑胶合剂,如 W—I、D 型建筑胶合剂、建筑多用胶合剂等。选择时应明确所用胶合剂的性能特点,按使用说明制备。花饰粘贴时,有的须采取临时支撑稳定措施,尤其是对于初粘强度不高的胶合剂,应防止其位移或坠落。以普通砖块组成各种图案的花格墙,砌筑方法与前述砖墙体基本相同,一般采用坐浆法砌筑。砌筑前先将尺寸分配好,使排砖图案均匀对称。砌筑宜采用1∶2 或1∶3 水泥砂浆,操作中灰缝要控制均匀,灰浆饱满密实,砖块安放要平正,搭接长度要一致。

砌筑完成后要划缝、清扫,最后进行勾缝。拼砖花饰墙图案多样，可根据构思进行创新，以丰富民间风格的花墙艺术形式。

6. 焊接固定法安装

大重型金属花饰采用焊接固定法安装。根据设计构造，采用临时固挂的方法后，按设计要求先找正位置，焊接点应受力均匀，焊接质量应满足设计及有关规范的要求。

【技能要点3】石膏花饰安装

(1)按石膏花饰的型号、尺寸和安装位置，在每块石膏花饰的边缘抹好石膏腻子，然后平稳地支顶于楼板下。安装时，紧贴龙骨并用竹片或木片临时支住并加以固定，随后用镀锌木螺钉拧住固定，不宜拧得过紧，以防石膏花饰损坏。

(2)视石膏腻子的凝结时间而决定拆除支架的时间，一般以12 h拆除为宜。

(3)拆除支架后，用石膏腻子将两块相邻花饰的缝填满抹平，待凝固后打磨平整。螺钉拧的孔，应用白水泥浆填嵌密实，螺钉孔用石膏修平。

(4)花饰的安装，应与预埋在结构中的锚固件连接牢固。薄浮雕和高凸浮雕安装宜与镶贴饰面板、饰面砖同时进行。

(5)在抹灰面上安装花饰，应待抹灰层硬化后进行。安装时应防止灰浆流坠污染墙面。

(6)花饰安装后，不得有歪斜、装反和镶接处的花枝、花叶、花瓣错乱、花面不清等现象。

【技能要点4】水泥花格安装

1. 单一或多种构件拼装

单一或多种构件的拼装程序：预排→拉线→拼装→刷面。

(1)预排。先在拟定装花格部位，按构件排列形状和尺寸标定位置，然后用构件进行预排调缝。

(2)拉线。调整好构件的位置后，在横向拉画线，画线应用水平尺和线锤找平找直，以保证安装后构件位置准确，表面平整，不致出现前后错动、缝隙不均等现象。

(3)拼装。从下而上地将构件拼装在一起,拼装缝用1∶2～1∶2.5水泥砂浆砌筑。构件相互之间连接是在两构件的预留孔内插入钢筋销子系固,然后用水泥砂浆灌实。拼砌的花格饰件四周,应用锚固件与墙、柱或梁连接牢固。

(4)刷面。拼装后的花格应刷各种涂料。水磨石花格因在制作时已用彩色石子或颜料调出装饰色,可不必刷涂。如需要刷涂时,刷涂方法同墙面。

2. 竖向混凝土组装花格

竖向混凝土花格的组装程序:预埋件留槽→立板连接→安装花格。

(1)埋件留槽。竖向板与上下墙体或梁连接时,在上下连接点,要根据竖板间隔尺寸埋入预埋件或留凹槽。若竖向板间插入花饰,板上也应埋件或留槽。

(2)立板连接。在拟安板部位将板立起,用线锤吊直,并与墙、梁上埋件或凹槽连在一起,连接节点可采用焊、拧等方法。

(3)安装花格。竖板中加花格也采用焊、拧和插入凹槽的方法。焊接花格可在竖板立完固定后进行,插入凹槽的安装应与装竖板同时进行。

【技能要点5】水泥石渣花饰安装

1. 小型花饰

(1)花饰背面稍浸水,涂上水泥砂浆。

(2)基层上刮一层2～3 mm的水泥砂浆。

(3)花饰上的预留孔对准预埋木砖,用镀锌螺钉固定。

(4)用水泥砂浆堵螺纹孔,并用与花饰相同的材料修补。

(5)砂浆凝固后,清扫干净。

2. 大尺寸花饰

(1)让埋在基层上的螺栓穿入花饰预留孔。

(2)花饰与基层之间放置垫块,按设计要求保持一定间隙,以便灌浆。

(3)拧紧螺母,对重量大、安装位置高的花饰搭设临时支架予以固定。

(4)花饰底线和两侧缝隙用石膏堵严,用 1∶2 的水泥砂浆分层灌实。

(5)砂浆凝固后拆除临时支架,清理堵缝石膏。

(6)用 1∶1 水泥砂浆嵌实螺栓孔和周边缝隙,并用与花饰相同颜色的材料修整。

(7)待砂浆凝固后,清扫干净。

【技能要点 6】塑料、纸质花饰安装

(1)根据花饰的材料与基层的特点,选配胶黏剂,通常可用聚醋酸乙烯酯或聚异氰酸酯为基础的胶黏剂。

(2)用所选的胶黏剂试粘贴,强度和外观均满足要求后方可正式粘贴。

(3)花饰背面均匀刷胶,待表面稍干后贴在基层上,并用力压实。

(4)花饰按弹线位置就位后,及时擦拭挤出边缘的余胶。

(5)安装完毕后,用塑料薄膜覆盖保护,防止表面污染。

【技能要点 7】施工注意事项

(1)拆架子或搬动材料、设备及施工工具时,不得碰损花饰,注意保护完整。

(2)花饰脱落:花饰安装必须选择适当的固定方法及粘贴材料。注意胶黏剂的品种、性能,防止粘不牢,造成开粘脱落。

(3)必须有用火证和设专人监护,并布置好防火器材,方可施工。

(4)在油漆掺入稀释剂或快干剂时,禁止烟火,以免引起燃烧,发生火灾。

(5)花饰安装的平直超偏:注意弹线和块体拼接的精确程度。

(6)施工中及时清理施工现场,保持施工现场有秩序整洁。工程完工后应将地面和现场清理整洁。

(7)施工中使用必要的脚手架,要注意地面保护,防止碰坏地面。

(8)石膏腻子凝固的时间短促,应随配随用。初凝后的石膏腻子不得再使用,因其已失去黏结性。

(9)石膏花饰制品一般强度不高,故在搬运过程中应轻拿轻放。

(10)石膏花饰制品怕水,不得在露天存放,受潮后会发黄,要采取防水、防潮措施,湿度较大的房间,不得使用未经防水处理的石膏花饰。

(11)安装花饰的墙面或顶棚,不得经常有潮湿或漏水现象,以免花饰受潮变色。

(12)花饰镶接处的花纹、花叶;花瓣应相互连接对齐,不可错乱,注意合角拼缝和花饰。

(13)花饰扭曲变形、开裂:螺钉和螺栓固定花饰不可硬拧,务必使各固定点平均受力,防止花饰扭曲变形和开裂。

(14)花饰脏污:花饰安装后加强保护措施,保持已安好的花饰完好洁净。

(15)施工中要特别注意成品保护,刷漆。施工中防止洒漏,防止污染其他成品。

(16)花饰工程完成后,应设专人看管防止摸碰和弄脏饰物。

【技能要点8】质量标准

1. 一般规定

(1)室外每个检验批全部检查。

(2)室内每个检验批应至少抽查3间(处);不足3间(处)时应全娄检查。

2. 主控项目

(1)花饰制作与安装所使用材料的材质、规格应符合设计要求。

检验方法:观察;检查产品合格证书和进场验收记录。

(2)花饰的造型、尺寸应符合设计要求。

检验方法:观察;尺量检查。

(3)花饰的安装位置和固定方法必须符合设计要求,安装必须牢固。

检验方法:观察;尺量检查;手扳检查。

3. 一般项目

(1)花饰表面应洁净，接缝应严密吻合，不得有歪斜、裂缝、翘曲及损坏。

检验方法：观察。

(2)花饰安装的允许偏差和检验方法应符合表 4—3 的规定。

表 4—3　花饰安装的允许偏差和检验方法

项次	项目		允许偏差(mm)		检验方法
			室内	室外	
1	条型花饰的水平度或垂直度	每米	1	3	拉线和用 1m 垂直检测尺检查
		全长	3	6	
2	单独花饰中心位置偏移		10	15	拉线和用钢直尺检查

第五章　金属工安全操作规程

第一节　金属工一般安全规定

【技能要点】金属工一般安全操作规程

(1)建筑工程施工必须坚持安全第一，预防为主的方针。

(2)生产班组(队)在接受生产任务时，应同时组织班组(队)全体人员听取安全技术措施交底讲解，凡没有进行安全技术措施交底或未向全体作业人员讲解，班组(队)有权拒绝接受任务，并提出意见。

(3)进入施工现场的作业人员，必须首先参加安全教育培训，考试合格方可上岗作业，未经培训或考试不合格者，不得上岗作业。

(4)从事特种作业的人员，必须进行身体检查，无妨碍本工种的疾病和具有相适应的文化程度。

(5)不满 18 周岁的未成年工，不得从事建筑工程施工工作。

(6)服从领导和安全检查人员的指挥，工作时思想集中，坚守作业岗位，未经许可，不得从事非本工种作业，严禁酒后作业。

(7)建筑施工工人必须熟知本工种的安全操作规程和施工现场的安全生产制度，不违章作业，对违章作业的指令有权拒绝，并有责任制止他人违章作业。

(8)班组(队)长，每日上班前，必须召集所辖班组(队)全体人员，针对当天任务，结合安全技术措施内容和作业环境、设施、设备安全状况及本班组(队)人员技术素质、安全知识、自我保护意识以及思想状态，有针对性地进行班前活动，提出具体注意事项，跟踪落实，并做好活动记录。

(9)班组(队)长和班组(队)专(兼)职安全员必须每日上班前

对作业环境、设施、设备进行认真检查，发现不安全隐患，立即解决；重大隐患，报告领导解决，严禁冒险作业。作业过程中应巡视检查，随时纠正违章行为，解决新的不安全隐患；下班前进行确认检查，机电是否拉闸、断电、门上锁，用火是否熄灭，施工垃圾自产自清，日产日清，活完料净场地清，确认无误，方可离开现场。

(10)进入施工现场的人员必须正确戴好安全帽，系好下颏带；按照作业要求正确穿戴个人防护用品，着装要整齐；在没有可靠安全防护设施的高处[2 m以上(含2 m)]悬崖和陡坡施工时，必须系好安全带；高处作业不得穿硬底和带钉易滑的鞋，不得向下投掷物料，严禁赤脚穿拖鞋、高跟鞋进入施工现场。

(11)施工现场行走要注意安全，不得攀登脚手架、井字架、龙门架、外用电梯。禁止乘坐非乘人的垂直运输设备上下。

(12)施工现场的各种安全设施、设备和警告、安全标志等未经领导同意不得任意拆除和随意挪动。

(13)上班作业前应认真察看在施工程洞口、临边安全防护和脚手架护身栏、挡脚板、立网是否齐全、牢固；脚手板是否按要求间距放正、绑牢，有无探头板和空隙。

(14)六级以上强风和大雨、大雪、大雾天气，应停止露天高处和起重吊装作业。

(15)作业中出现不安全险情时，必须立即停止作业，组织撤离危险区域，报告领导解决，不准冒险作业。

(16)脚手架未经验收合格前严禁上架子作业。

(17)在沟、槽、坑内作业必须经常检查沟、槽、坑壁的稳定状况，上下沟、槽、坑必须走坡道或梯子。

(18)施工现场用火，应申请办理用火证，并派专人看火，严禁在禁止烟火的地方吸烟动火，吸烟到吸烟室。

第二节　金属工操作安全规程

【技能要点1】焊接安全操作规程

(1)焊接工作开始前，应首先检查焊机和工具是否完好和安全可靠。如焊钳和焊接电缆的绝缘是否有损坏的地方焊机的外壳接地和焊机的各接线点接触是否良好。不允许未进行安全检查就开始操作。

(2)工作地点潮湿时,地面应铺有橡胶板或其他绝缘材料。

(3)身体出汗后而使衣服潮湿时,切勿靠在带电的钢板或工件上,以防触电。

(4)在带电情况下,为了安全,焊钳不得夹在腋下去搬被焊工件或将焊接电缆挂在颈上。

(5)推拉闸刀开关时,脸部不允许直对电闸,以防止短路造成的火花烧伤面部。

(6)在狭小空间、船舱、容器和管道内工作时,为防止触电,必须穿绝缘鞋,脚下垫有橡胶板或其他绝缘衬垫;最好两人轮换工作,以便互相照看。否则需有一名监护人员,随时注意操作人的安全情况,一遇有危险情况,就立即切断电源进行抢救。

(7)更换焊条一定要戴皮手套,不要赤手操作。

(8)下列操作,必须在切断电源后才能进行。改变焊机接头时,更换焊件需要改接二次回路时,更换保险装置时,焊机发生故障需进行检修时,转移工作地点搬动焊机时,工作完毕或临时离开工作现场时。

【技能要点2】手持电动工具安全操作规程

(1)为了防止射钉误发射而造成人身伤害事故,使用射钉枪时应符合下列要求。

1)在更换零件或断开射钉枪之前,射枪内均不得装有射钉弹。

2)严禁用手掌推压钉管和将枪口对准人。

3)击发时,应将射钉枪垂直压紧在工作面上,当两次扣动扳机,子弹均不击发时,应保持原射击位置数秒钟后,再退出射钉弹。

(2)手持电动工具依靠操作人员的手来控制,如果在运转过程中撒手,机具失去控制,会破坏工件、损坏机具,甚至造成伤害人身。所以机具转动时,不得撒手不管。

(3)使用冲击电钻或电锤时,应符合下列要求。

1)钻孔时,应注意避开混凝土中的钢筋。

2)电钻和电锤为40%断续工作制,不得长时间连续使用。

3)作业孔径在25 mm以上时,应有稳固的作业平台,周围应设护栏。

4)作业时应掌握电钻或电锤手柄,打孔时先将钻头抵在工作面上,然后开动,用力适度,避免晃动;转速若急剧下降,应减少用力,防止电机过载,严禁用木杠加压。

(4)手持电动工具转速高,振动大,作业时与人体直接接触,所以在潮湿地区或在金属构架、压力容器、管道等导电良好的场所作业时,必须使用双重绝缘或加强绝缘的电动工具。

(5)作业前的检查应符合下列要求。

为保证手持电动工具的正常使用,在手持电动工具作业前必须按照以下要求进行检查。

1)外壳、手柄不出现裂缝、破损。

2)各部防护罩齐全牢固,电气保护装置可靠。

3)电缆软线及插头等完好无损,开关动作正常,保护接链接正确牢固可靠。

(6)严禁超载使用。为防止机具故障达到延长使用寿命的目的,作业中应注意音响及温升,发现异常应立即停机检查。在作业时间过长,机具温升超过60℃时,应停机,自然冷却后再行作业。

第三节　金属切削机床安全操作规程

【技能要点1】基本安全要求

(1)操作人员应对所使用机械的安全操作规程认真遵守。

(2)非操作人员不得开动机床,亦不许可一个人单独在车间开动机器。

(3)操作人员工作时必须配戴规定的防护用品,开动机械时严禁戴手套和围巾,女工要戴帽子,辫子、长发盘放在帽内。

(4)机械在运行中操作人员必须精神集中,禁止进行玩笑、嬉戏、闲谈、瞌睡、看画报、看小说等与工作无关的事宜或离开工作岗位。

(5)机床必须按其性能合理使用,严禁超负荷或代替其他机械使用,也不得带病运转。使用中发生故障时必须立即停止使用进行修理。电器部分由电工方面负责。工作照明灯要用 36 V 低压电源。

(6)机械的各种轮、带转动部分必须装设防护罩,已装好的不得随便拆除。

(7)操作人员上班前不准饮酒,在精神不正常时严禁开动机械。

(8)机床必须安装牢固平稳,布置和排列应确保安全,机床周围不得堆放与生产无关的物品。

(9)机床的电动机、电器、线路及液压、液力装置、气动装置应按照相应的安全交底进行操作。

(10)操作人员必须经过技术学习,熟识机械构造性能、操作和保养方法,方准参加工作,新学徒应在技工指导下操作。

(11)启动前应检查以下各项,确认可靠后,方可启动。

1)各操纵手柄的位置正常,动作可靠。

2)行程限位、信号等安全装置完整、灵敏、可靠。

3)传动及电气部分的安全防护装置完好牢固。

4)电气开关,接地或接零均良好。

5)润滑系统保持清洁,油量充足。

6)各部螺栓紧固,配合适当。

7)工件、夹具、刀具无裂纹、破损、缺边、断角并夹牢固。

(12)床面上不得放置工具、材料及其他物件。

(13)机床在切削过程中,操作人员的面部不得正对刀口,并不得在切削行程内检查切削面。

(14)装卸较重大的工件时,床面上应垫放木板,使用起重设备时,应由起重工配合进行。

(15)高速切削铸铁件时,必须戴防护眼镜。

(16)启动后,应低速运转,正常后方可作业。

(17)在机床运转中严禁做以下工作。

1)测量或找正工件。

2)用手直接清除切屑。

3)换装工件,装卸刀具、齿轮和皮带等。

4)用手摸、身触或用棉纱擦拭工件和机床联动部分。

5)用人力或工具强制机床制动。

(18)发现运转不正常或有异响时,应立即停车,进行检修。

(19)当更换工件、装卸工具、修理机床或应事必须离开时,应关车拉闸。

(20)作业后,切断电源,退出刀具,将各部手柄放在空挡位置,并擦拭机床进行保养,然后锁好电闸箱。

【技能要点2】车床安全操作规程

(1)切削韧性金属时应事先采取断屑措施。

(2)自动、半自动车床作业前应将防护挡板安装好。严禁用锉刀、刮刀、砂布等光磨工件。

(3)用锉刀光磨工件时,应右手在前,左手在后,身体离开卡盘,并将刀架放在安全位置。不得用砂布裹在工件上磨光,但可比照用锉刀的方法成直条状压在工件上砂磨。

(4)立式车床在加工外圆超过卡盘的工件时,必须有防止立柱、横梁碰撞伤人的安全措施。

(5)车内孔时,不得用锉刀倒角,用砂布光磨内角时,不得用手指伸进孔内打磨。

(6)加工偏心工件时,必须用专用工具。

(7)攻丝或套丝时,必须用专用工具。不得一手扶攻丝架(或扳牙架),一手开车。

(8)加工较长物件时,卡盘前面伸出部分不得超过工件直径的25倍,并应有顶尖支托,床头箱后面伸出部分,超过300 mm时,必须加装托架,必要时装设防护栏杆。

(9)切断大料时,应留有足够余量,卸下后砸断;切断小料时,不得用手接料。

(10)自动、半自动车床气动卡盘使用压缩空气的压力不应低碍物。

10)手电钻的手提把和电源导线应经常检查,保持绝缘良好,电线必须架空,操作时戴绝缘手套;手电钻应按出厂的铭牌规定,正确掌握电压、功率和使用时间。如发现漏电现象、电机发热超过规定、转动速度突然变慢或有异声时,应立即停止使用,交电工检修。

参考文献

[1] 中国建筑装饰协会培训中心. 建筑装饰装修金属工[M]. 北京：中国建筑工业出版社，2003.

[2] 建筑专业《职业技能鉴定教材》编审委员会. 装饰工[M]. 北京：中国劳动和社会保障出版社.

[3] 北京建工集团有限责任公司. DBJ01－62－2002 北京市建筑工程施工安全操作规程[S]. 北京：中国建筑工业出版社，2002.

[4] 邓钫印. 建筑材料实用手册[M]. 北京：中国建筑工业出版社，2007.